U0933626

# 触摸地球生命印迹

张　晶著

科学普及出版社
·北　京·

**图书在版编目（CIP）数据**

触摸地球生命印迹 / 张晶著 . — 北京 : 科学普及出版社 , 2016. 4（2024.8 重印）

（行走的科学故事）

ISBN 978-7-110-09383-2

Ⅰ. ①触… Ⅱ. ①张… Ⅲ. ①地质－国家公园－中国－普及读物 Ⅳ. ① S759.93-49

中国版本图书馆 CIP 数据核字（2016）第 075887 号

---

**责任编辑** 韩 颖 李双北
**装帧设计** 中文天地
**责任校对** 何士如
**责任印制** 徐 飞

---

**出　　版** 科学普及出版社
**发　　行** 中国科学技术出版社有限公司
**地　　址** 北京市海淀区中关村南大街16号
**邮　　编** 100081
**发行电话** 010-62173865
**传　　真** 010-62173081
**网　　址** http://www.cspbooks.com.cn

---

**开　　本** 787mm × 1092mm 1/16
**字　　数** 150千字
**印　　张** 11
**版　　次** 2016年8月第1版
**印　　次** 2024年8月第2次印刷
**印　　刷** 唐山富达印务有限公司
**书　　号** ISBN 978-7-110-09383-2 / S · 560
**定　　价** 59.80元

---

# 丛书编辑委员会



# 参与策划单位

# 前言

提起黄山、庐山、石林、溶洞、恐龙、化石……几乎无人不知，但说起地质公园，却知者有限，其实我国的名山大川几乎都被命名为国家地质公园或世界地质公园。以往，人们走进公园，听导游讲的大都是关于山水的神话传说的故事。科技旅游在国外已经蔚然成风，成为公众认知地球、崇尚自然的必修课。我们编写这本书的本意，也是提倡人们，要在走进地质公园，观赏神奇的自然风光的同时，增加一个探求地球科学的维度，走近自然，认知山河的由来，增强对我们生存的地球的崇敬和保护意识。

什么是地质公园？为什么要建地质公园？去地质公园要看些什么？这些问题就是我想写这本书的立意。

本书会通过大量的图片（书中照片一部分是作者拍摄，一部分是由地质公园提供）、图表以及通俗易懂的文字，在引领读者阅读游览山水之时，引导读者学会发现并欣赏蕴含在山水景观中的科学之美。全书力争融知识性、趣味性、实用性为一体，以轻松的笔调，深入浅出地将地质公园丰富的地学知识展现在读者面前，使其成为让读者既能增长地学知识，又能帮助旅游者选择出游路线的科普旅游读物。

目前我国已有 240 个地质公园，在有限的篇幅中不可能尽显地质公园的自然之美和科学之美，因此，根据我国对主要地质遗迹分类和特征类型，选择了其中部分有代表性的，公众较熟知的地质公园为例，略书浅现我国地质公园的姿彩。

每一座地质公园都是大自然精心打磨千万年乃至上亿年的作品，走出家门，走进地质公园，你将会看到那天地间永恒的美。诚望，当您浏览《触摸地球生命印迹》之后，除了惊叹地球的景观奇特和壮美磅礴之外，还能以新的科学眼光，走近山水之间，了解这山那水所表达的关于地球、地壳、岩石的奥秘，认知在地质公园里留下的地球生命的印记。

地质遗迹是地球的档案，让我们走进国家地质公园，去探寻地球的奥秘！

# 目录

# 01 古生物化石 见证『生命大爆发』

古生物化石，是人类史前地质历史时期形成并赋存于地层中的生物遗体和活动遗迹，包括植物、无脊椎动物、脊椎动物等化石及其遗迹化石。它是地球历史的鉴证，也是研究生物起源和进化等的科学依据。古生物是确定相对地质年代的主要依据；古生物是划分和对比地层的主要依据；古生物是识别古代生物世界的窗口；古生物为生命的起源和演化研究提供直接的证据；古生物是重建古环境、古地理和古气候的可靠依据；古生物在沉积岩和沉积矿产的成因研究中有着广泛的应用；古生物的发展历史为人类提供了保护地球的借鉴。

我国是古生物化石比较发育的国家之一，其中有不少化石是国家乃至世界的宝贵遗产，特别是近年来先后发现的河南南阳、湖北郧阳、内蒙古自治区二连浩特恐龙蛋及骨骼化石，辽西的鸟化石，云南澄江动物群化石，山东山旺动植物化石，受到科学界的广泛青睐。

# 化石的成因

化石的形成条件之一是生物的有机物必须拥有坚硬部分，如壳、骨、牙或木质组织。然而，在非常有利的条件下，即使是非常脆弱的生物，如昆虫或水母也能够变成化石。

生物在死后不遭压碎、腐烂和严重风化等，被某种能阻碍分解的物质迅速地埋藏起来，形成化石。

海生动物的遗体通常都能变成化石，这是因为海生动物死亡后沉在海底，被软泥覆盖。软泥在后来的地质时代中则变成页岩或石灰岩。较细粒的沉积物不易损坏生物的遗体。

死亡

腐烂

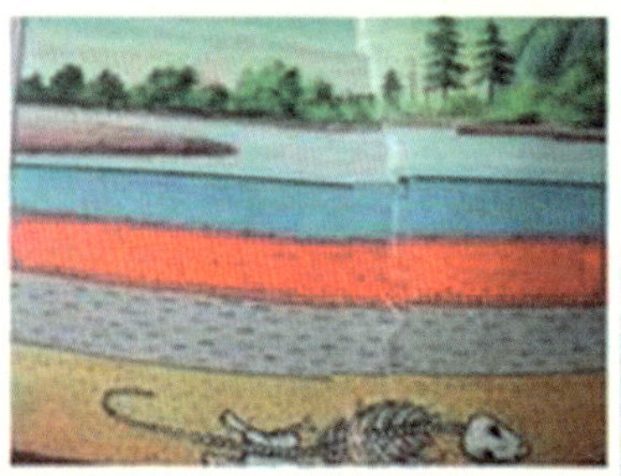

埋葬

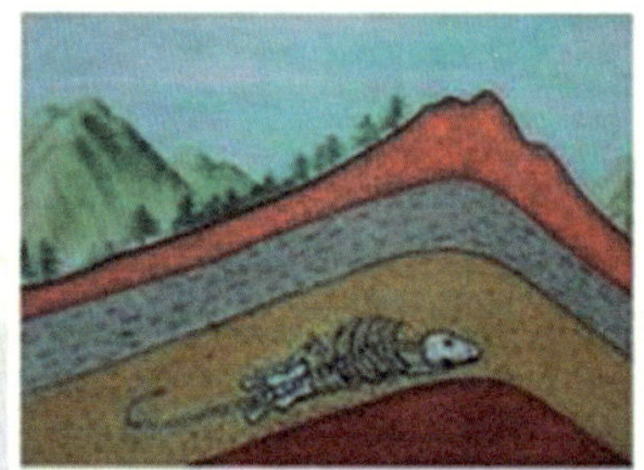

地壳运动

出露

沉积物在固结成岩的过程中，压实作用和结晶作用都会影响化石的石化作用和保存。

# | 精彩纷呈 |

## ▶云南澄江动物古生物国家地质公园

云南澄江动物古生物国家地质公园的主要地质遗迹类型为古生物化石。澄江动物化石群保存了早寒武世（距今 5.3 亿年）40 多个门类 100 余种动物的化石。其中有海绵动物、腔肠动物、软体动物、节肢动物等动物化石。由于埋藏地质条件特殊，不但保存了生物硬体化石，而且保存了十分罕见精美的生物软体印痕化石。澄江化石群中不仅有骨骼化动物的硬体，而且还有各种各样的软躯体动物，这种特异的埋藏方式在化石记录中极为罕见。

澄江古生物化石发现遗址

云南澄江帽天山动物化石群的科学价值和意义在于展现了地球早期生命演化窗口，为寒武纪生命大爆发提供了证据。对于人类认识生命的演化过程，又产生了一次大的飞跃，对达尔文的进化论提出了重要的补充，就是地球生命在“渐变”过程中也有“突变”。

云南澄江动物古生物化石与澳大利亚“伊迪卡拉动物化石群”（距今 5.8 亿年）、加拿大“布尔吉斯页岩动物化石群”（距今 5.15 亿年）并列为“地球历史早期生物演化实例的三大奇迹”，被称为“二十世纪最令人惊奇的发现之一”，已被联合国教科文组织列入“全球地质遗址预选名录”，成为我国第一个化石类世界遗产。因此，帽天山就成了当今世界古生物研究的圣地。

## 帽天山动物化石

帽天山整个化石埋藏带呈蛇状蜒蜒达 20 千米，宽 4.5 千米，埋藏深度达 50 米以上。现圈定的保护面积为 18 千米，其中核心区保护面积 1.2 平方千米。化石发现点有 30 余处，采集化石 3 万余块，其中含有 40 个门类、100 多个种的古生物化石，涵盖了现代生物的各个门类。

帽天山动物群部分化石标本

## 延伸阅读

### ▶云南澄江动物古生物打开观察 5.3 亿年前生命大爆发窗口

在地球历史中，距今 5.42 亿—4.88 亿年的寒武纪是引人注目的重要时期。早在 19 世纪初期，人们便注意到，地层中保存了大量寒武纪后的化石，而在寒武纪以前的地层中却很少有化石。因此，寒武纪被确定为显生宙的起始，表示从寒武纪开始地球上有了“看得见的生命”。1909 年，美国古生物学家查尔斯·维尔卡特在加拿大西部落基山脉的布尔吉斯发现了距今 5.15 亿年中寒武时期的软躯体动物化石，展示了中寒武时期丰富多样的海洋生物面貌，成为寒武纪“生命大爆发”的经典例证。据古生物学家侯光先介绍，澄江动物群的地质时代为 5.3 亿年，属于早寒武纪，比布尔吉斯动物种群早 1500 万年，因此澄江动物群更加接近寒武纪“生命大爆发”的起点，这是迄今为止，人们所发现的真正意义上早寒武纪“生命大爆发”的实证。

### ▶贵州关岭化石群国家地质公园

贵州关岭化石群发现地

贵州关岭化石群国家地质公园埋藏的古生物化石形成于距今 2.2 亿年前三叠纪的海湾，主要包括鱼龙、海龙、鳍龙、盾齿龙等海生爬行动物，此外还有千姿百态的海百合和菊石、双壳类、牙形石、鹦鹉螺、腕足类及古植物化石。关岭古生物化石——特别是海生爬行动物化石和海百合化石数量之巨大、种类之众多、保存之精美、形态之奇特为全球同期地层所罕见，堪称世界一流。因此，关岭化石群不仅具有很高的观赏性，而且是全球晚三叠世独一无二的海洋生物化石库，对于研究晚三叠世的古生物学、古生态学、古海洋学、古埋藏学和地层学等有非常重要的科学意义。

## 关岭古生物化石群

关岭的海百合、海生爬行动物和鱼化石等三叠纪海生动物化石备受世人瞩目。据专家评价，在关岭发掘出来的三叠纪海生爬行动物化石，是迄今为止世界上种类最多、保存最完好、规模最大的由众多属种组成的庞大化石群。它的发现，对海生爬行动物的分类、演化及古生态和古埋藏学都有重要科研价值。

中国龙化石

## 珍稀化石

▶短吻贫齿龙化石

关岭化石群保存在黑色泥岩和页岩之中，形成于距今两亿两千万年前（晚三叠世）的海湾或陆间残留盆地环境。含化石地层分布面积达 200 平方千米，主要化石门类包括：大量完美保存的海生爬行动物（鱼龙、海龙、楯齿龙、龟）、海百合以及菊石、双壳类、牙形石、鹦鹉螺、腕足类、鱼类、鲨鱼牙齿和来自附近陆地的古植物。如此丰富、多样和完善保存的化石群在世界上极为罕见，堪称世界上独一无二的晚三叠世海生爬行动物和海百合化石库。该化石群不仅具有极高的观赏性和收藏价值，更重要的是它们对于研究晚三叠世地层、古生物、古生态和古埋藏学以及海生爬行动物和海百合的分类及演化等均具有特别重要的科学意义。

◀海百合化石

早在 20 世纪 40 年代，关岭就发现了海百合化石群，由于这种古生物化石形似荷叶、体态硕大优美，除具有研究价值外，还成为国内外博物馆及私人收藏的珍品。20 世纪 90 年代后又发现了海生爬行动物化石群。从目前发掘出来的化石看，关岭的海生动物大约生活在 2.2 亿～ 2.3 亿年前，在水深约 200 ～ 500 米海洋中生活，当时由于沉积环境宁静，水生爬行动物以及鱼类、海百合和大量的无脊椎动物等完好地保存下来，经后期地质作用和石化，形成了现在的水生爬行动物—海百合化石库。

海百合化石呈现出枝蔓蜿蜒，随意伸展优美的花草姿态，常被人们认为是海洋植物，其实，它是原是海洋动物的巨型化石。这些结构特殊的化石在活着的时候却是海洋中的“杀手”。它们通过根部长出的类似须根的蔓枝、附着在漂木上，再利用腕和羽枝的摆动获取水中的食物。为了抵御海浪的冲击，海百合的腕枝上还附生了刺，刺与刺之间链接成粗糙的网，以增加机体的牢固性，还能过滤掉食物中的碎颗粒。

辽宁朝阳鸟化石国家地质公园

## ▶辽宁朝阳鸟化石国家地质公园

辽宁朝阳鸟化石国家地质公园的主要地质遗迹为古生物化石、含化石地层、地质构造等景观，地质遗迹面积 207 平方千米。园区内，中生代古生物化石十分丰富，已发现了迄今为止最早的鸟类和开花的植物化石，朝阳因此被誉为“第一只鸟飞起的地方，第一朵花绽放的地方”，在国际上具有独特性、完整性、稀有性，在科学上称为热河生物群，是世界级的古生物化石宝库，具有极其重要的科学研究价值。

受地球板块俯冲和挤压作用等构造运动的影响，园区内形成了大小不一的 16 个构造盆地。火山间歇活动使盆地以火山沉积作用为主，赋存了丰富的化石，成为热河生物群最重要的核心产地。

### 中华龙鸟

中华龙鸟是一种小型食肉兽脚类恐龙，骨骼结构具典型的恐龙类特征。更为神奇的是在其身体的背部有一列类似“毛”的表皮衍生物，一直从头部覆盖到尾尖。以中华龙鸟为代表的长羽毛恐龙化石的发现为标志，揭开了热河生物群研究的新高潮。由此带动了当今生物演化领域一大热点——鸟类起源于恐龙的研究。此后，又相继发现了原始祖鸟、尾羽鸟、北票龙、中国鸟龙、小盗龙和全身披覆羽毛的奔龙类等几十件长羽毛恐龙化石。原始祖鸟是第二只长羽毛的恐龙，其尾部发育有真正的羽毛，但其对称的羽片表明其不具备飞行能力。尾羽鸟是第三只长羽毛的小型兽脚类恐龙，其前肢具有对称的羽毛，特别是在其尾部的末端长着一撮扇形的羽毛，它同样不具备真正的飞行能力，但能快速奔跑，类似于今日的鸵鸟。这一系列长羽毛恐龙化石的发现，不仅从实际化石材料上证明了恐龙类与鸟类之间的演化关系，为解决困扰国际学术界100多年的科学难题作出了重大的贡献。而且表明羽毛不再是鸟类独有的特征，羽毛的出现要早于鸟类的飞行。

中华龙鸟

## 世界级的古生物化石宝库

迄今为止，在朝阳市所辖的二万多平方千米的土地上，有一万多平方千米的范围内不同程度地发现了丰富的古生物化石。据不完全统计，热河生物群已发现了20多个古生物门类上千个物种，包括动物界的昆虫类、双壳类、腹足类、鱼类、两栖类、爬行类、鸟类和哺乳类，植物界的楔叶类、真蕨类、苏铁类、银杏类、松柏类和被子植物类等。这些众多的远古生灵的遗骇，数量之丰富、保存之精美、研究价值之巨大，在世界上独一无二。它们不仅忠实地记录了地球生命演化史上的一个非常重要的阶段，而且告诉人们在距今1亿5千万年到1亿年左右地球所发生的天翻地覆的变化。研究表明，热河生物群至少涵盖了鸟类、哺乳类和被子植物的起源和演化这三个重要的科学问题。

# 延伸阅读

## ▶化石

化石，是存留在岩石中的古代生物的遗体、遗物或遗迹埋藏在地下变成的跟石头一样的东西，最常见的是骨头与贝壳。研究化石可以了解古生物的演化并能帮助确定地层的年代。

简单地说，化石就是生活在遥远的过去的生物的遗体或遗迹变成的石头。在漫长的地质年代里，地球上曾经生活过无数的生物，这些动物死亡之后的遗体或是生活时遗留下来的痕迹，许多都被当时的泥沙掩埋起来。在随后的岁月中，这些生物遗体中的有机质分解殆尽，坚硬的部分如外壳、骨骼、枝叶等与包围在周围的沉积物一起经过石化变成了石头，但是它们原来的形态、结构（甚至一些细微的内部构造）依然保留着；同样，那些生物生活时留下的痕迹也可以这样保留下来。我们把这些石化了的生物遗体、遗迹称为化石。从化石中可以看到古代动物、植物的样子，从而推断出古代动物、植物的生活情况和生活环境，可以推断出埋藏化石的地层形成的年代和经历的变化，可以看到生物从古到今的变化。

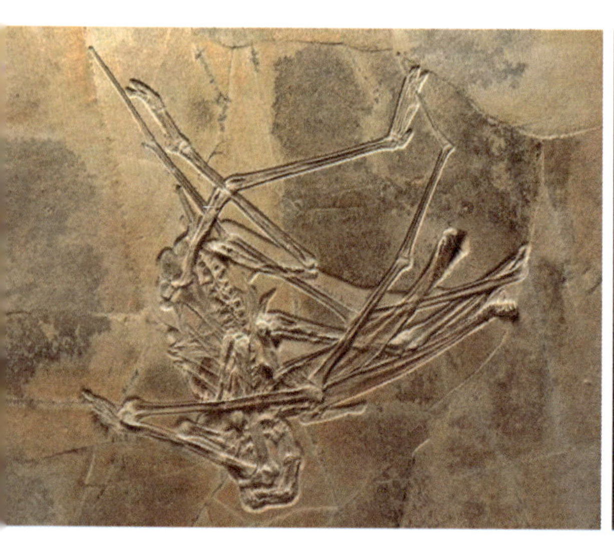

### ▶古生物学

古生物学，顾名思义，是研究古代生物的科学。古代生物现已死亡，古生物学的研究是以化石为依据的。化石是埋藏在地层里的，所以古生物学又与地质学有联系。实际上，它是一门介于生物学和地质学之间的科学。一位有作为的古生物学家，既要具备生物学的知识，也要具备地质学的知识。经常有人把古生物学和考古学混为一谈，认为凡是研究古代东西的学问都叫考古学。其实，它们各有自己研究的对象和范围。大体说来，古生物学研究的范围是从地球上生命开始出现，到人类出现。生命出现之前的研究为天文学范围，而进入人类社会后则为考古学范围。不过，有时的确也没有绝对界线。

## 阅读感悟

化石告诉我们什么?

研究古生物化石的意义是什么?

# 02 冰川 让你如此美丽

冰川（或称冰河）是指大量冰块堆积形成像河川般的地理景观。在终年冰封的高山或两极地区，多年的积雪经重力或冰河之间的压力，沿斜坡向下滑形成冰川。受重力作用而移动的冰河称为山岳冰河或谷冰河，而受冰河之间的压力作用移动的则称为大陆冰河或冰帽。两极地区的冰川又名大陆冰川，覆盖范围较广，是冰河时期遗留下来的。冰川是地球上最大的淡水资源，也是地球上继海洋以后最大的天然水库。

冰川在地球两极和两极至赤道带的高山均有分布，现代冰川在世界各地几乎所有纬度上都有分布，地球上陆地面积的 1/10 为冰川所覆盖，而 4/5 的淡水资源就储存于冰川（冰盖）之中。

中国是中低纬度带上的冰川第一大国。中国冰川最多的山系是天山山脉，冰川自北向南依次分布在阿尔泰山、天山、帕米尔高原、喀喇昆仑山、昆仑山和喜马拉雅山等 14 条山脉。这些山脉山体巨大，为冰川发育提供了广阔的积累空间和有利的水热条件。

## 成因

冰川是水的一种存在形式，是雪经过一系列变化转变而来的。冰川存在于年平均气温在0℃以下的极寒之地，其降雪量大于融雪量，不断积累的积雪经一系列物理变化转化为冰川冰，并在自身的压力作用（即重力作用）下向坡下运动。在流动的过程中逐渐凝固，最后就形成了冰川。

## | 精彩纷呈 |

### ▶西藏易贡国家地质公园

西藏易贡国家地质公园

地质公园的主要地质遗迹有易贡巨型山体崩塌区、易贡巨型滑坡区、易贡堰塞湖区、易贡藏布——帕隆藏布断裂带与反向河区、茶场与铁山旅游区、冰川地质遗迹区、现代冰川区、峡谷地貌区与次生崩塌滑坡区。该地区为深切高山峡谷地貌，造成了明显的气候垂直变化。从终年积雪的高山寒带向下，依次为高山亚寒带、山地温带、亚热温带、亚热带和热带等不同的垂直气候分带。易贡巨型山体崩塌分为发生区与堆积区，崩塌体的体积达3000万立方米，崩塌的最大落差达2580米，滑坡的最大垂直运距640米，最大水平位移为6700 ~ 7000米，堆积体方量达到 3 亿立方米，主要包括高速滑擦痕、高速滑坡特有的喷水冒沙坑、土丘群；易贡堰塞湖区遗迹、易贡藏布—帕隆藏布断裂带与易贡—鲁朗走滑断裂构造遗迹、易贡堰塞湖决口遗迹、易贡堰塞湖溃决形成的次生崩塌、滑坡遗迹；古冰川活动遗迹及相应的地质生态环境等。

## 世界第一大峡谷——雅鲁藏布大峡谷

雅鲁藏布大峡谷是典型的高山峡谷地貌。形成的直接原因是该区域乃至全球构造促使整个青藏高原持续抬升的结果。15 万年以来，大峡谷地区的抬升速度达到 30 毫米 / 年，是世界抬升最快的地区之一。雅鲁藏布大峡谷不仅以其深度、宽度名列世界峡谷之首，更以其丰富的科学内涵及宝贵资源而受到世界科学家的瞩目。高峰与拐弯峡谷的组合，在世界峡谷河流发育史上十分罕见，这本身就是一种自然奇观。

雅鲁藏布大峡谷

这一地区的地层多为坚硬耐风化的岩石，且河流沿构造线分布，强大的水动力条件的侵蚀，导致地形比高继续加大，使得斜坡稳定性进一步减弱。这一地区的气候更是独特，其降雨不仅受到西南季风的影响，又存在印度洋暖湿气流沿雅鲁藏布江大拐弯及其加拉白垒峰与横断山脉之间的谷地向北伸入，降水量丰富，在受到高山阻挡的区域，形成我国规模最大的海洋冰川群，海洋冰川的冻融一方面加剧了高山地区岩石裂隙的楔劈作用，又增大了河流的流量和对河谷的侵蚀切割能力，进一步加剧了河谷两岸的边坡失稳和崩塌、滑坡的形成与发生。

## 现代冰川和高山峡谷

在大峡谷水汽通道北行的当口部位——念青唐古拉山东段北坡，有卡钦冰川，长达 33 千米；帕隆藏布上游的来姑冰川，长达 35 千米。它们都是我国海洋性温性冰川中较长的山谷冰川，冰川末段伸入到亚热带的常绿阔叶林中，最低可以达到海拔 2500 米左右的地方，构成奇特的自然景观。

山谷冰川

## 易贡湖

易贡湖

从川藏公路通麦大桥沿易贡藏布而上，21 千米的路程可达易贡湖畔的农场。易贡湖，海拔 2100 米左右，为泥石流堵塞的河谷湖泊，处在大峡谷水汽通道的当口部位，盆地的环境特别优越，湖北念青唐古拉雪山冰川屏障，湖口铁山巍峨，长条形的湖中云雾游荡，变幻无穷，雪山倒影，海市蜃楼常现，气象万千；湖滩平原，水鸟飞翔，牛马漫涉；湖滨台地，果林茂密，茶园垅垅；山麓坡上，松林杉木，挺拔俊秀，林中猕猴攀跳。这里是西藏第一处茶园，所产珠峰圣茶闻名遐迩，为科学考察、观光休闲度假的绝佳去处。

## 波密南山嘎隆拉冰川风光

波密南山嘎隆拉冰川

嘎隆拉冰川位于波密扎木镇南行 30 千米。可以看到冰川 U 形谷、雪山森林，源头嘎隆寺盆地。有不同方向两条大的山谷冰川交汇，皆为典型的季风型海洋性冰川，汇口嘎龙寺盆地底部为水草丰美的夏季牧场，牧民的小木屋直接建在现代冰川的末端。东侧山麓古冰碛平台上建有嘎龙寺，寺前有 9 座白塔，香火旺盛。

## ▶云南丽江玉龙雪山冰川国家地质公园

玉龙雪山　　（张晶　拍摄）

玉龙雪山海拔 5596 米，位于云南省的丽江市区北面 15 千米玉龙纳西族自治县内，是国家 5A 级风景名胜区和云南省级自然保护区。地质公园园区面积为 340 平方千米，园区内有冰川遗迹、构造山地、断陷盆地、深切峡谷、垂直生态地质景观等丰富的重要地质遗迹和显著的地质地貌多样性雪峰、峡谷、盆地、湖泊和垂直带森林植被，呈现出“雄、奇、险、秀、幽、旷、奥”的自然美。园区内的地质遗迹完整地记录了大陆三叠系以来，青藏高原南东地区生态地质系统演化机制和效应 。

在玉龙雪山中段海拔 4000 ~ 4200 米以上的高山区域，发育有 19 条现代冰川，总面积达 11.61 平方千米，其中东坡 15 条，西坡 4 条。其冰川类型可分为山谷冰川、冰斗冰川和悬冰川以及它们之间的过渡类型——冰斗山谷冰川和冰斗悬冰川。

玉龙雪山现代冰川的成因主要是：其属性为海洋性冰川，即温冰川，其温度内涵是除受季节气候因素影响的活动层外，所有的冰温都处于熔点。冰内含有一定量的液相水。但在消融区表面一定深度范围内，由于冰的透水率低，冰内含水量小，冬季冷却至一定深度，使之温度低于熔点；夏季虽然冰面吸收大量的热量，但大都以冰面消融、融水流失的方式带走热量，通过传导和融水下渗未必能使一定范围内的冰完全升到熔点。因此表冷里融是玉龙雪山现代海洋性冰川的基本特征。

## 金丝场景区

该景区有 19 个景点（群），按类型划分主要有冰川遗迹景观、高山湖泊景观、溪流瀑布景观、草场景观及动植物景观等。

1. 冰川遗迹景观主要有金山玉峰、金刀岭、七人石、双高峰、拇指山、曲山、老人石等景点。

2. 高山湖泊景观主要有玉湖、镜湖、马鹿塘、银湖、双龙潭等冰川成因的景观点（群）。

3. 草场景观主要有金山牧场、四缺苦地、大羊场等 3 个主要高山牧场区的景观点。

4. 溪流瀑布景观主要有锦绣谷和三叉河溪流瀑布景观点。

5. 动植物景观以动植物景观为主要特色的景观点（群）有百药谷和利苴金丝猴保护地等。

金丝猴

金丝场景区远景

## 老君山景区

老君山景区地质景观资源丰富，集中分布于海拔高于 3700 米的地区，资源结构以高山山丘冰川遗迹、高山植被、高山冰蚀湖群、高山花卉、高山气象等类型的景观为主，景点内涵极为丰富、深厚，景观组合、搭配及分布有机地构成整体，具有多层次、多样性、多变幻的景观特性。

1. 太上峰景群区主要有太上峰、太极岭、黑龙潭、黄龙潭等景点，组合性好，观赏性强。

老君山景区

黎明丹霞地貌　千龟赛跑

2. 六合湖区景点为老君山风景之冠，有六个高山冰蚀湖，如颗颗珍珠，落于冷杉林及杜鹃花海之中。主要景点有太乙峰、圣母湖（月湖）、姊妹湖、灵穴坪、三才湖、流霞溪、归朴岭、四达台、南天门等景观点。

3. 青牛岭区景点位于三玄湖东侧，与太极岭遥相呼应，岭区多流石滩、杜鹃花林点缀其间。主要景点有三玄湖、青牛岭、艾布楼火山及保护区大门和高山牧场等景观点。

## 峡　谷

有石鼓、上虎跳峡、中虎跳峡、下虎跳峡及大具盆地 5 个景群区：

1. 石鼓镇：主要景点有石鼓镇、石鼓、红军渡江纪念碑、木瓜渡、铁虹桥、长江第柳林等景观点。

虎跳峡　（张晶　拍摄）

2. 上虎跳峡：主要景点有虎跳口、冰山来客、雁列遨游、直立岩带、翻江倒海、玉龙戏水、虎跳石、猴观虎跃、纹层石、万年朽木、万卷经书、树桩盆景、玉师北眺等景观点。

3. 中、下虎跳峡：主要有核桃园古冰斗、大深沟古冰斗、本地湾古冰斗、古冰川侧碛、U—V 套谷、大型滑坡体、断裂画、挠曲、流沙瀑布、台阶峰林、

虎跳峡　　（张晶　拍摄）

大吊水瀑布、吉拉瀑布、江岸洞穴、奇石滩等景观点。

4. 大具盆地：该盆地综合观赏性强，主要景观点有盆地地貌、玉龙峰丛、侵蚀阶地、冰碛物及冰水堆积物、滔滔江水、大具渡口等。

## ▶江西庐山第四纪冰川世界地质公园

庐山第四纪冰川世界地质公园主要地质遗迹为冰川地貌和冰川地质剖面，是中国第四纪冰川地质学的诞生地。1931 年中国著名地质学家李四光教授到庐山进行地质调查，首次发现了庐山及其附近存在着大量冰川沉积物及冰川遗迹地貌，这是中国地质学家在中国大陆东部首次发现的第四纪冰川。

庐山自古命名的山峰有 171 座，其主峰大汉阳峰，海拔 1474 米。群峰间有壑谷 20 条、岩洞 16 个、怪石 22 处。水流在山谷中流淌，形成许多急流与瀑布、溪涧和湖潭。著名的三叠泉瀑布，落差达 155 米。

庐山是一座地垒式断块山，外险内秀。具有河流、湖泊、坡地、山

庐山第四纪冰川世界地质公园

峰等多种地貌。受新构造运动作用，庐山孤山屹立，大构造巍峨壮观，小构造千姿百态。构造运动、冰川侵蚀、流水三种地质作用形成的复合地貌景观，是庐山地学上的另一大特征。

在距今两千多万年前的喜马拉雅运动晚期，庐山便形成了现今断块山形态。在进入更新世后，出现了第四纪冰川活动。受冰川侵蚀作用，出现了许多冰斗、冰窖、U 型谷、冰坎、冰阶、冰刃脊和角峰等冰蚀地貌景观。在庐山发现有 100 多处冰川地质遗迹，完整地记录了冰雪堆积、冰川形成、冰川运动、侵蚀岩体、搬运岩石、沉积泥砾的全过程，是中国东部古气候变化和地质特征的历史记录。

## 延伸阅读

### ▶冰川运动速度与冰川作用

冰川运动的速度，日平均不过几厘米，多的也不过数米，以致肉眼发觉不出冰川是在运动的。格陵兰的一些冰川，运动速度居世界之首，但每年也不过运动千余米而已。我国冰川大多数是大陆冰川，运动速度是有季节变化的。但是，有些冰川的脾气却很古怪，它们会在长期缓慢运动或退缩之后，突然爆发式地向前推进。

冰川运动作用最显著的表现就是它对地表的塑造过程，即冰川的侵蚀、搬运与堆积作用。

## ▶中国冰川之最

冰川面积最大的省区：
西藏自治区

我国冰川主要分布在西部的6个省区：西藏自治区是我国冰川面积最大的省区，冰川面积达28664平方千米，占全国冰川总面积的48%。

中国最东部的冰川：
雪宝顶冰川

我国最东部的现代冰川是四川岷山雪宝顶，海拔5588米，分布着8条冰川，冰川总面积为2.64平方千米。

面积最大、长度最长、冰储量最大的山谷冰川：
音苏盖提冰川

音苏盖提冰川位于新疆喀喇昆仑山脉乔戈里峰北坡，冰川总长约42千米，冰舌长约4200米，冰川覆盖面积达380平方千米，冰储量116立方千米。

中国最南部纬度最低的冰川：
玉龙雪山冰川

云南玉龙雪山主峰扇子陡海拔5596米，是我国现代冰川最南的分布区。山脊两侧分布着19条冰川，总面积11.61平方千米，冰川平均面积0.61平方千米。

## 最大的冰帽：崇测冰帽

冰帽是一种规模比冰原小，外形与其相似，而穹形更为突出的覆盖型冰川。崇测冰帽位于藏西北高原昆仑山脉，顶部海拔 6580 米。冰川面积 163.06 平方千米，冰储量 38.16 立方千米，是我国最大的冰帽。

## 中国最大的冰原：普若岗日冰原

西藏那曲地区普若岗日冰原，冰川覆盖面积 422.85 平方千米，被确认为迄今为止世界上除两极地区以外最大的冰川，也是世界上最大的中低纬度冰川。

## 山谷冰川最大冰厚：贡嘎山的大贡巴冰川

目前我国测得山谷冰川的最大冰厚，是四川贡嘎山的大贡巴冰川，海拔 4380 米，厚度为 263 米，距冰舌末端 4.47 千米。

## 落差最大的冰瀑布：海螺沟冰川冰瀑布

冰川流动在陡坡段，冰体呈坠落或滑落状态，形如瀑布，称为冰瀑布。四川贡嘎山海螺沟冰川冰瀑布是我国已知最大的冰瀑布，高 1080 米，宽 500 ~ 1100 米。

## 海拔最低的冰川：喀纳斯冰川

喀纳斯冰川位于新疆阿尔泰山友谊峰，是由两支冰流组成的复式山谷冰川，长 10.8 千米，面积 30.13 平方千米，冰储量 3.93 立方千米，冰川末端海拔 2416 米，是中国末端下伸海拔最低的冰川。

## 中国最美的六大冰川

### ▶海螺沟冰川

海螺沟冰川有我国已知最大的冰瀑布，高 1080 米，宽 500 ~ 1100 米。在海拔 2850 米的地段上，长 5700 米的冰舌紧舔大地。冰面上分布着冰面湖、冰面河、冰裂缝、冰蘑菇、冰洞、冰桥……令人叫绝的冰川弧拱晶莹透明，蓝中透绿。

### ◀米堆冰川

米堆冰川主峰海拔 6800 米，雪线海拔 4600 米，末端只有 2400 米，是西藏最主要的海洋型冰川之一，也是世界上海拔最低的冰川。是典型的现代季风型温性冰川，类型齐全，尤以巨大的冰盆，众多雪崩，陡峭巨大 700 ~ 800 米的冰瀑布。

### ▶绒布冰川

位于珠穆朗玛峰山脚下的绒布冰川是复式山谷冰川，也是西藏最大、最为著名的冰川，长达 26 千米，平均厚度达 120 米，最厚处超过 300 米以上，冰舌平均宽 14 千米，面积达 86.89 平方千米。冰川上有冰塔林、冰茸、冰桥、冰塔等，千奇百怪，美不胜收，还有高达数十米的冰陡崖和步步陷阱的明暗冰裂隙及险象环生的冰崩雪崩区。

▶新疆特拉木坎力冰川

位于新疆喀喇昆仑山脉的特拉木坎力峰（海拔 7441 米）下，冰川长 28 千米多，面积为 124.53 平方千米，冰川末端高度为 4520 米，冰川雪线高度为 5390 米。冰川冰净储量为 26.774 立方千米，换算成水量可达 22.758 亿立方米，是一座名副其实的“固体水塔”。

◀甘肃梦柯冰川

位于甘肃省肃北蒙古族自治县境内的大雪山，是祁连山的中断块而成的一个完整的小山地。长 88 千米，宽 20 ~ 30 千米，山地面积约 2200 平方千米。大雪山平均海拔 4000 米左右，最高峰 5555 米，是祁连山北端最高的山体。大雪山共有冰川 203 条，面积 159.4 平方千米。其中老虎沟地区共有冰川 44 条，面积 54.3 平方千米。沟内的 12 号冰川，长 10.1 千米，面积 21.9 平方千米，是祁连山区最大的山谷冰川。

▶新疆托木尔冰川

位于天山西部温宿县，是天山山脉的主峰，它海拔 7435 米，孕育有 510 条冰川，是现代冰川发育的地区，也是古冰川遗迹保存较为完整的地冰川方之一。

丹霞地貌　　（张晶　拍摄）

# 03 如诗似画的丹霞地貌

丹霞地貌是由我国地质科学家经过多年考察研究，在世界上首先提出并命名的一种地貌。丹霞地貌仅是浪漫的中国说法，在国际上统称为红层地貌。我国在 1983 年编制的《地质辞典》中定义了丹霞地貌：由产状水平或平缓的层状铁钙质混合不均匀胶结而成的红色碎屑岩（主要是砾岩和砂岩），受垂直或高角度解理切割，并在差异风化、重力崩塌、流水溶蚀、风力侵蚀等综合作用下形成的有陡崖的城堡状、宝塔状、针状、柱状、棒状、方山状或峰林状的地形。简单地说，丹霞地貌就是红色砂砾岩经过长期的风化剥离以及流水的侵蚀作用从而形成的山峰或奇岩怪石的特殊地貌。丹霞地貌主要分布在中国西北部、西南部，美国西部、中欧和澳大利亚等地，以中国分布最广。据 2008 年统计，中国已发现丹霞地貌 790 处，分布在 26 个省区。

## 成因

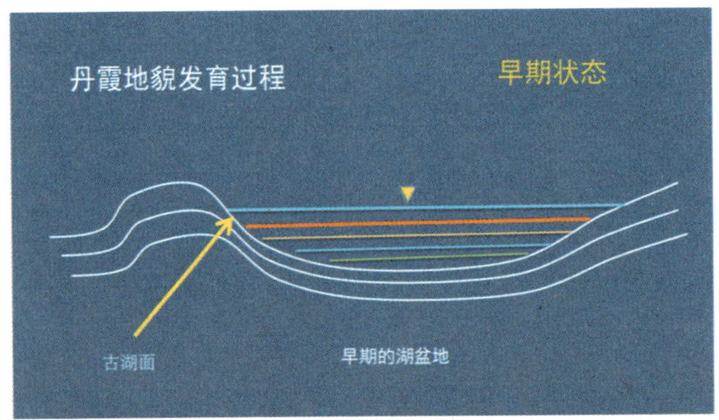


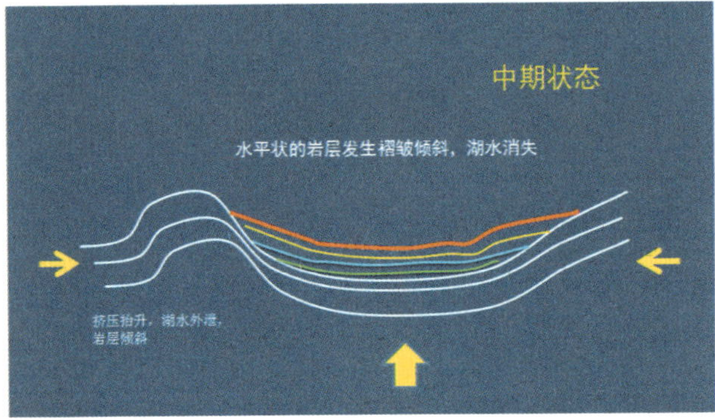


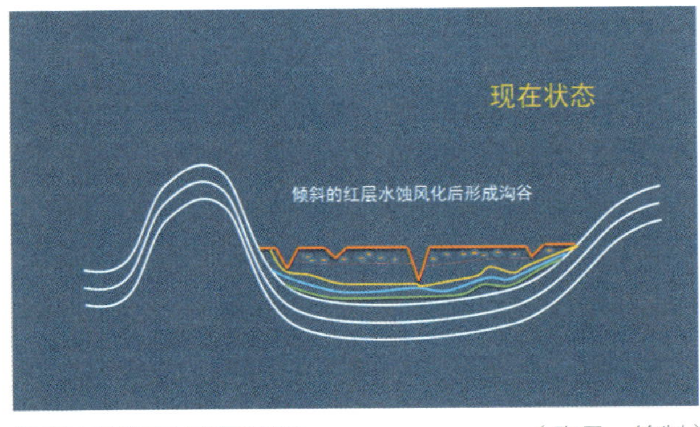


丹霞地貌发育过程示意图　　（张晶　绘制）

形成丹霞地貌的条件主要有：①红色沙砾岩。主要指发育于中生代至新生代的早第三纪的红色、紫红色的沙砾岩，夹有泥岩、碎屑岩等；②构造运动。地球的构造运动造成区域断裂或抬升，形成网格状裂缝，再经流水冲蚀等各种风化作用，使其下切并不断扩大，形成陡避、巷谷、石柱等；③气候。丹霞地貌大多发育在热带、亚热带地区，干旱多雨的气候对岩层裂隙及节理的切割和溶蚀作用强，对丹霞地貌的形成有重要的作用。

# | 精彩纷呈 |

## ▶广东丹霞山国家地质公园

广东韶关仁化县的丹霞山被誉为“中国红石公园”，是世界“丹霞地貌”的命名地。丹霞山由红色砂砾岩构成，以赤壁丹崖为特色，所以被我国地质学家称作丹霞山，并将同类地貌称为“丹霞地貌”。丹霞山集雄、险、奇、秀、幽于一身，景区内有大小石峰、石墙、石柱、天生桥680多座，群峰如林、疏密相生、错落有致、造型奇绝、鬼斧神工，宛如一座红石雕塑园。

中国红石公园

丹霞地貌的岩层形成于距今约7000万～9000万年前的晚白垩世的红色河湖相砂砾岩。红色砂砾岩在风化、侵蚀等地质作用下，形成的城堡状、柱状、峰林状的地貌类型。在距今约6500万年前，受构造运动的影响，本区产生许多断层和节理，并使整个丹霞盆地上升为剥蚀地区。后经喜马拉雅运动，使本区进一步迅速抬升，形成独特的山峰，并在地层中留下丰富的动植物化石。正是漫长的地质岁月中间歇性的抬升作用将本地区塑造得如此秀丽多姿。世界上丹霞地貌主要分布在中国、美国西部、中欧和澳大利亚等地，以我国分布最广，其中又以丹霞山面积最大，发育最典型、类型最齐全、形态最丰富、风景最优美。

丹霞地貌景观

## 四美丹霞山

**形态美**　丹霞山以山石造型奇特而著称，其山峰四壁由赤壁丹崖构成，造型各异，拟人拟物、拟兽拟禽，栩栩如生。

**结构美**　丹霞山为峰林结构，其山石高低参差、疏密相间，群峰林立，组合有序，富有韵律感和层次感；尤其是在晨昏霞光背景下，群山更富有结构美感。

**色彩美**　赤壁丹崖上受流水作用和有机质沉淀，加上藻类生长，被染成片片黛青色或暗褐色；干燥的红崖上各种藻类五颜六色，在蓝天、白云、碧水、绿树的衬映之下，构成一幅幅多彩的画面。

**意境美**　突出表现为雄、险、奇、秀、幽。古今游人留下众多诗文题刻，抒发出从山水中体会出的无限意境。

## 阳元石、阴元石及性文化博物馆

神奇石的阳元石，位于阳元山景区，与丹霞山主景区隔江相望。该石高 28 米，直径 7 米。活脱一具男性阴茎，直傲苍穹。

阴元石，隐藏于深山幽谷之中。石高 10.3 米、宽 4.8 米。其形状、比例、颜色简直是一具巨大的女阴解剖模型。被誉为“母亲石”“生命之源”。

阳元石与阴元石隔山隔江相望，直线距离不到 5 千米，是大自然赐予丹霞山的瑰宝，另外还有双乳石、鸳鸯树、睡美人象形的奇石、奇景，吸引了大批中外游客前来观光游览。

为使旅游文化和性文化在此得到最佳结合，让前来参观游览的人们受到科学的性文化熏陶，丹霞山还建立了国内最大的性文化博物馆，其建筑面积 2400 平方米，分 6 个展厅共 12 个专题，包括“山水中的性”“崇拜中的性”“汉字中的性”“性与文学艺术”等内容，是目前中国内地最具规模的民俗性文化博物馆，同时也是中国首家建在旅游景区的性文化博物馆。

阳元石

阴元石

## 摩崖石刻和碑刻

摩岩石刻《丹霞山记》

丹霞山的美丽景色，千百年来引发了众多文人墨客的无限感慨，纷纷赋诗题字，留下众多诗文、游记、碑刻与摩崖，成为珍贵的文化遗产。

## ▶江西龙虎山丹霞地貌国家地质公园

专家说

龙虎山是我国典型的丹霞地貌风景，是发育程度最好、序列发育最完整的地区。整个景区内的山峰、洞穴、奇石构成了其完整而又独特的丹霞地貌特征。龙虎山是丹霞地貌发育到壮年期最好的代表地区之一，地质构造上属于信江断陷盆地。景区内有 99 峰、24 岩、20 多种神井丹池和流泉飞瀑，共计 108 处自然和人文景观。

龙虎山

该盆地在三叠纪晚期开始形成，在晚侏罗纪至白垩纪时期，盆地发生火山喷发，并沉积了一套厚层紫红色河湖相碎屑岩，为形成本区丹霞地貌提供了物质条件。后期的地壳抬升使本区变成陆地，流水等外力地质活动沿岩层裂隙冲刷、侵蚀切割，加上重力崩塌等作用，逐渐形成了本区典型的丹霞地貌景观。

### 仙水岩景区

仙水岩

仙水岩，是龙虎山山水风光的精华所在。从龙虎山山麓沿泸溪河乘竹筏西行，在七里之内有100多座山峰，其中最著名的就是被称为“仙水岩”的24座山峰。这里清溪绕山蜿蜒，奇峰横卧碧波，四野景色美不胜收，有“小漓江”之称。两岸的岩石千奇百怪、气象万千，特别是著名的“十不得”岩石景观，大都惟妙惟肖、妙趣横生。

## ▶甘肃张掖丹霞国家地质公园

张掖丹霞地貌景区可分为南北两大群，位于张掖市临泽县和肃南县，面积约410平方千米，其中彩色丘陵面积约40平方千米，海拔高度在2000～3800米。张掖丹霞地貌是中国发育最大最好、地貌造型最丰富

张掖丹霞地貌景观　（张晶　拍摄）

的地区之一，特别是窗棂式、宫殿式丹霞地貌，是丹霞地貌中的精品。彩色丘陵色彩之缤纷、面积之大冠绝全国。

丹霞是指红色砂砾岩经长期风化剥离和流水侵蚀，形成的孤立的山峰和陡峭的奇岩怪石。2005 年 11 月在中国地理杂志社与全国 34 家大型媒体联合举办的“中国最美的地方”评选活动中，被评选为“中国最美的七大丹霞”之一；2009 年被极具权威和导向性的《中国国家地理》杂志《图说天下》编委会评为“奇险灵秀美如画中国最美的 6 处奇异地貌”之一，2011 年又被

（张晶　拍摄）

美国《国家地理》杂志评为“世界十大神奇地理奇观”，2011 年 11 月被国土资源部批准“张掖国家地质公园”。

张掖丹霞地貌的地层主要侏罗纪至第三纪的水平或缓倾的红色砾石、砂岩和泥岩组成。红色砂岩经长期风化剥离和流水侵蚀，加之特殊的地质结构、气候变化以及风力等自然环境的影响，形成孤立的山峰和陡峭的奇岩怪石。

### 窗棂状宫殿式丹霞地貌

位于白庄子一带的窗棂式、宫殿式丹霞地貌是全国丹霞地貌精品中的精品，其分布之广、种类之多数全国第一。白庄子大红山就是窗棂状宫殿式丹霞地貌的命名地。

张掖冰沟景区的丹霞地貌景观　　（张晶　拍摄）

▶**地貌造型**

张掖丹霞地貌是国内唯一的丹霞地貌与彩色丘陵景观复合区，彩色丘陵以层理交错、岩壁陡峭、气势磅礴、造型奇特、色彩斑斓而称奇，观赏性之强、面积之大冠绝全国，具有很高的科考和旅游观赏价值。景区内有七彩峡、七彩塔、七彩屏、七彩练、七彩湖、七彩大扇贝、火海、刀山等奇妙景观。

◀**色彩斑斓**

张掖丹霞地貌分布广阔，主要分布在临泽、肃南两县，面积300多平方千米，是中国丹霞地貌发育最大最好、地貌造型最丰富的地区之一。红色地层富含各种金属及有色金属矿物，经过各种地质作用，形成黛青色、暗褐色、丹红色等斑斓的多彩的景观。

## 延伸阅读

### ▶中国丹霞地貌被列入世界自然遗产

2010年8月1日在巴西利亚举行的第34届世界遗产大会审议通过了将中国湖南崀山、广东丹霞山、福建泰宁、贵州赤水、江西龙虎山和浙江江郎山联合申报的“中国丹霞地貌”列入“世界自然遗产目录”。这是中国第四十个列入《世界遗产名录》的项目。

中国“丹霞地貌”是红层地貌发育中一个独特的例证，其丰富的地貌特征展现出大自然无与伦比的美丽景观，尤其是以广东的丹霞山和湖南的崀山的丹霞地貌最为突出。

丹霞地貌申报世界遗产有两个意义：一是申报世界遗产有利于对这个特殊地貌的保护，二是中国学者开创的“丹霞地貌”的概念得到世界认可，这一科研成果也将同“喀斯特地貌”一样得到国际社会的普遍承认。

# 04 山崩地裂之后留下的峡谷

大规模的地震、山崩、滑坡、泥石流等地质灾害，往往会在地球表面留下触目惊心的各种遗迹和奇特景观，峡谷地貌就是最为壮美的一种。峡谷是深度大于宽度谷坡陡峻的谷地，是 V 形谷的一种，一般发育在构造运动抬升和谷坡由坚硬岩石组成的地段。当地面隆起速度与下切作用协调时，易形成峡谷。峡谷由峭壁所围住的山谷，一般由河流长时间侵蚀而形成。中国的雅鲁藏布江大峡谷是世界第一的大峡谷，其长度为 504.9 千米，平均深度达 5000 多米。

# | 精彩纷呈 |

## ▶四川大渡河峡谷国家地质公园

大渡河峡谷

地质公园以大渡河大峡谷和大瓦山玄武岩地质地貌为特色。园区主体是位于金河口—乌斯河间的大渡河大峡谷，属典型的河流侵蚀峡谷地貌，长 26 千米，谷宽 70 ~ 150 米，局部小于 50 米，落差 1000 ~ 1500 米，最大谷深 2600 米，为长江三峡的一倍，比美国科罗拉多大峡谷还深 860 米。峡谷切割出前震旦系峨边群至二叠系峨眉山玄武岩厚达数千米的完美地质剖面，从而记录了几亿年来地质演化的历史。

峨眉山玄武岩构成顶盖的平顶山，山顶平台面积 1.6 平方千米，四周危岩嶙峋、绝壁高悬，高差达 800 ~ 1000 米，远望如突兀的空中楼阁，又如叠瓦叠覆于群山之上，与峨眉山、瓦屋山遥相呼应，构成三足鼎立之势，景色奇绝，极其壮观。在大瓦山的山原面上，完整保存有冰川 U 型谷、角峰、冰斗、冰蚀湖等晚更新世古冰川地貌，形成风景秀丽的五池水色和奇形怪状的“乱石公园”。

### 金口大峡谷

金口峡成为我国最大型的、河流上最为典型的嶂谷和隘谷，谷坡直立、谷地深窄、谷底几乎全为河槽占据，河滩不发育。大峡谷全长 26 千米，最大谷深 2690 米，最窄处仅宽 70 米，成昆铁路穿峡谷而过，举世闻名。大峡谷的基岩主要为坚硬的白云质灰岩，两岸山崖斧劈刀削，峰峦叠嶂，奇峰异石层出不穷，如雕似画，千姿百态。举目远眺，大峡谷如一巨大地缝，向远处蜿蜒而去，气势雄伟，秀丽壮观。

大峡谷切割出前震旦系（距今 5 亿 4 千万年以前）峨边群至二叠系峨眉山玄武岩（距今约 3 亿年）厚达数千米的完美地质剖面，记录了十多亿年来地质演化的历史。

金口大峡谷

## ▶山西壶关峡谷国家地质公园

山西壶关峡谷国家地质公园是一座以峡谷群构造地貌、水体景观、典型地质剖面为主体。园区以黄河为轴心，地跨山西和陕西两省。以气势磅礴的壶口瀑布为主要地质遗迹。黄河壶口瀑布是黄河河道上最大瀑布，宽 20 ~ 30 米，高 20 多米，流量 1000 立方米 / 秒。排山倒海般的瀑布冲击岩石，巨涛激起数十米高的浪花，发出“谷涧响雷”的轰鸣。“十里龙槽”是全黄河最狭窄处，全长 4200 米，宽 30 ~ 50 米。是瀑布向源侵蚀切割的结果。河水奔腾咆哮，浊浪翻滚回旋，气势磅礴，河流的下切作用和侧蚀作用非常强烈。在基岩上，到处可见水流冲蚀槽及大大小小淘蚀圆形坑（锅穴），侧蚀作用而成的河心岛等。

壶口瀑布的基岩主要是三叠系（距今约 2 亿年前）的砂页岩互层，岩层软（泥岩、页岩）硬（厚层砂岩）相间，使流水的侵蚀作用更加剧烈。在距今约 2.3 亿年间，壶口瀑布受构造运动作用，形成了两组节理，使得节理断层发育，加上河水的强烈切割冲蚀，因而造就如此宏大的水势。

壶口瀑布　　（张晶　拍摄）

## 黄河壶口瀑布

壶口瀑布是黄河河道上第一大瀑布，它像一条腾飞的巨龙，穿行在西北黄土高原的秦晋大峡谷中，当流经壶口时，宽约 400 米左右的河水突然收束一槽，形成特大马蹄状瀑布群。主瀑布宽 40 米，落差 30 多米，瀑布涛声轰鸣，水雾升空，惊天动地，气吞山河，为黄河第一大瀑布，也是我国仅次于贵州黄果树瀑布的第二大瀑布。瀑布上游黄河水面宽 300 米，在不到 500 米长距离内，被压缩到 20 ~ 30 米的宽度。1000 立方米 / 秒的河水，从 20 多米高的陡崖上倾注而泻，造成“千里黄河一壶收”的气概。排山倒海般的瀑布冲击岩石发出“谷涧响雷”的轰鸣；巨涛激起数十米高的浪花，远看成“水里冒烟”的景观，阳光下引导出“彩虹通天”的美景。瀑布左下方有流水侵蚀出地下石廊可仰望瀑布“黄河之水天上来”的壮丽景色。

壶口瀑布　（张晶　拍摄）

## 十里龙槽

十里龙槽是瀑布侵蚀切割的结果，其全长 4200 米，宽 30 ~ 50 米，两侧中生界砂岩高 15 ~ 20 米，是全黄河最狭窄处。在河道约束下，河水奔腾咆哮，浊浪翻滚回旋，气势磅礴。瀑布上下基岩上，到处可见水流冲蚀槽及大大小小

十里龙槽　（张晶　拍摄）

流水携带沙砾的掏蚀圆形坑，这便是著名的“石窝宝镜”：强烈的河流旁切作用，将原来岸边山体硬切成河心岛，上方为盂岛，下方为葫芦岛。

## ▶新疆库车大峡谷国家地质公园

新疆库车大峡谷国家地质公园北依天山，南临塔里木盆地，总面积108平方千米。由北部的大小龙池园区和中部的天山神秘大峡谷园区构成。两大园区沿库车河河谷而分布，成为公园的一鲜明特色。公园以库车地质景观以峡谷地貌、第四纪冰川遗迹、地质大剖面、火山岩峰丛为主，同时，库车还是历史上著名的丝绸之路重镇和西域军事重镇，其古代冶炼遗址以及古龟兹文化、维吾尔族民风民俗也是很丰富的旅游资源。

大约距今7000万年到300万年间，库车到阿克苏是一个东西向的大湖。经过2000多万年的漫长沉积，积聚了厚达几百米的岩盐、石膏和泥岩层形成了古近系的含盐建造，从而蕴藏了巨大的岩盐矿产。后经地壳缓慢抬升，库车盆地与海隔绝，变成内陆湖泊，由于水体不深，保持氧化沉积环境，2000多万年间沉积了厚达3000多米的红色泥岩、粉砂岩和砂岩，当时天山不高，降水丰沛，受

新疆库车大峡谷国家地质公园

新疆库车大峡谷国家地质公园

雨季和干旱季节的频繁变化，沉积岩石形成单层很薄的条带构造层，远远看去由条带状岩层形成的山体，犹如薄纸垒叠一般。上新世时湖盆变浅，沉积了黄褐色或灰褐色的砂岩、泥岩和砾岩层。当进入第四纪初期，距今约 200 万年时，南疆产生强烈的造山运动，天山急剧上升，库车盆地结束了湖泊演变历史，古近系与新近系的红色和黄褐色岩层，被地壳运动挤压、褶皱成山。形成许多束状的背斜和向斜，局部受断裂切割，形成单斜，产状变化不定，倾角从中等到近于直立，从而形成近代地貌雏形。在第四纪时红色岩层经挤压、褶皱、断裂、位移而出露地表后，因结构疏松，极易风化，经过年复一年的风化、侵蚀、冲刷和重力崩塌等综合地质作用，便形成今日的深谷、峰林、缓坡、峭壁相映成趣。

你去看

第四纪冰川地貌——大龙池

大龙池东西长 2500 米，南北宽 1000 米，形状呈一不规则的椭圆状。面积约 2.5 平方千米，最大水深 92 米，平均水深 30 米，容积约 7500 万方，大约形成于 1.8 万 ~ 2.9 万年前。

大龙池

大龙池水域宽阔，清澈见底，四面环山，山上白雪皑皑，终年不化，山上青松翠柏，绿草如茵，牛羊成群，偶尔还可见到雪鸡、黄羊和雪豹。大龙池最美的要数它静如处子，澄似明镜的澄碧湖水。龙池得名可能源于《大唐西域记》中的一个美丽传说。

大龙池下游为古冰川终碛堤，东西长 1250 米，南北宽 600 米，海拔 2492 米。由大小不一、混杂堆积的岩块组成，高出湖面约 60 米。冰川终碛堤上还分布着众多的且大小不一的锅穴，它是系冰碛物中巨大的冰块消融后留下的漏斗状洼地。大龙池的水来自周围山地冰雪融水和降水汇入谷地后，受冰碛堤的阻挡而形成湖泊。夏季融雪加量，雨水丰富，湖面增大；冬季补给水量减小，湖面则相应减小，湖泊没有明显的地表出水口，其湖水是通过终碛堤下面由巨大岩块堆叠构成的空隙组成的地下暗道流入小龙池。

## 红山石柱

石柱高 30 ~ 50 米，连片分布，群峰耸立，高低不同，色彩各异，怪峰嶙峋，千姿百态。它与远处的红山、雪峰、白云、蓝天浑然一体，

红山石柱

构成了一副美丽无比的览胜图。景点距库车县城约 60 千米，沿 217 国道延伸约数千米。它是原始海底的岩石经过造山运动而形成的直立、单斜岩组，山体奇特，色彩鲜红，层层叠叠，分外壮观，与附近不同色彩的山体错落有致，构成天山一处奇观。

## 老鹰沟峡谷

老鹰沟峡谷堪称地缝式峡谷，最窄处仅宽 20 厘米。山体的成分主要为砾岩、砂岩，呈红色。整个峡谷，让人能够深刻地感受到峡谷当年受流水

天狼峰（老鹰沟峡谷）

侵蚀的动态，崖壁上有被水波冲刷而留下的痕迹。另外，岩体垂直节理发育，流水沿节理侵蚀，导致两侧的崖体异常陡直。

石膏沟峡谷

### 石膏沟峡谷

石膏沟峡谷长4千米，宽约50～100米。峡谷呈北东走向，顺岩层走向分布，使峡谷通视条件较好，无曲径通幽之感。峡谷东南侧为单面山，西北为城墙式山，两侧红色崖体均顺层理叠叠层层，呈现红色砂泥岩受流水侵蚀后的景观。

迷宫式峡谷

### 迷宫式峡谷

整个迷宫式峡谷平面上呈圆形，在南边有一开口，所有支沟向西北呈树枝状扇形展开，较大的支沟有7条，越往北侧，小分叉越多，把山体分割成馒头状。海拔1570米。位于宝鼎沟峡谷内右侧支沟内，呈馒头状山体，一般高6～8米，局部10米以上。峡谷宽1～2米，面积10000平方米，由于流水作用，山体被切割得支离破碎。

## 宝鼎沟峡谷

典型的宽缓峡谷景观。该峡谷长3.5千米，弯弯曲曲才到尽头。只见视野开阔舒坦，尤其是此地风貌独特。一垄垄的山体参差错落，排列在河床边。一座座的山峰宛如由薄片柱体拼接而成。在峡谷的尽头，只见一座貌似泰坦尼克号的巨船横挡在彼端，那烟囱、帆布、舱房，栩栩如生的展示在你的面前。而船旁则宛似其触碰的冰川，连绵的峰体被削成顶部较尖的柱状体。有的峰体有如锯齿般的线条，薄削的像层纸。更怪的是，一座孤峰畜力在船前端，宛若“库车大寺”，很好地诠释了该地区的地质地貌特征。它是遭受风雨侵蚀的一个类似哥特式城堡的山体，峰高30米左右。

## 库车大寺

一座孤峰伫立在宝鼎沟谷，宛若库车大寺。是遭受风雨侵蚀形成的类似哥特式城堡岩柱体，壁立陡直。

## 红白单斜山

海拔1800米，侏罗系红色、白色岩层相间倾斜分布。红白相间的色彩鲜艳而明亮，山体虽不高，但由近到远层层叠叠，犹如中国的水墨画，极富诗意。

红白单斜山

## 天山神秘大峡谷

天山神秘大峡谷

天山神秘大峡谷位于库车县城北 72 千米处，大致位于库车河谷的中端，自治区 4A 级旅游景区。大峡谷由主谷和四条支谷组成。呈东向西纵深长约 3 千米，为红褐色岩石经流水作用雕刻而成。峡谷曲径通幽，别有洞天，山体千姿百态，峰峦直插云天，沟中有沟，谷中有谷。南天门、幽灵谷、月牙峡、八戒亲子、虎牙桥、摩天洞等景观造型生动，形态逼真。距谷口 1.4 千米处的山崖上有一处唐代石窟——阿艾石窟，窟内南、北、西壁上有残存壁画和汉文字。

天山神秘大峡谷

## 阅读感悟

置身大峡谷中，你会想到什么？

# 05 火山诉说石破天惊的秘密

中国是个多火山国家。从中新世到更新世近代地质时期中，我国的火山活动非常频繁。地质学家们把中国的火山分布和火山活动划分为两大区域：一个区域是沿我国东部的大陆边缘，那里形成数以百计的火山群和火山锥，它们构成了环太平洋火山链的一部分；另一个区域是青藏高原及其周边地区的火山群。我国的火山活动多呈中心式喷发，通常可以形成截顶圆锥状的火山，地质学家称作火山锥。如五大连池、长白山、台湾、腾冲、西昆仑等地区，400 年间都有过火山喷发。在这些地区都可以看到火山锥这种奇特的地形。

火山喷发，爆发的是地下深处的能量，喷溅出的岩浆，展示了大自然的威力，诉说了地球的秘密。

## 成因

火山是地球运动造成的地质现象。在地壳之下 100 ~ 150 千米处，有一个“液态区”，区内存在着高温、高压下含气体挥发成分的熔融状硅酸盐物质，即岩浆。岩浆通过孔隙或裂隙向上运移，并在一定部位逐渐富集而形成岩浆囊。随着岩浆的不断补给，岩浆囊的岩浆过剩，压力逐渐增大，就会从地壳薄弱的地段冲出地表，形成了火山。

火山分为“活火山”、“死火山”和“休眠火山”。火山是炽热地心的窗口，地球上最具爆发性的力量，爆发时能喷出多种物质。

按火山活动的时代，中国火山类型的国家地质公园大致可分为两类：

一类是距今 1.5 亿年的白垩纪到至 700 万年左右的渐新世形成的火山，如福建漳州、安徽浮山、浙江临海、浙江雁荡山等。

另一类是近代地质时期中形成的火山，其中很多在 1 万年以来仍有活动，如黑龙江五大连池、云南腾冲、广东湛江湖光岩、广西壮族自治区涠州岛、内蒙古自治区阿尔山、海南海口、吉林靖宇、广东西樵山等。这些火山是由于太平洋板块与亚洲板块碰撞后向下俯冲而生成的火山带。这个火山带还包括黑龙江镜泊湖、吉林长白山、台湾大屯等著名火山，其中有些火山近期有强烈的水热与地震活动，使人们对这些火山是否会死灰复燃出现了担心。

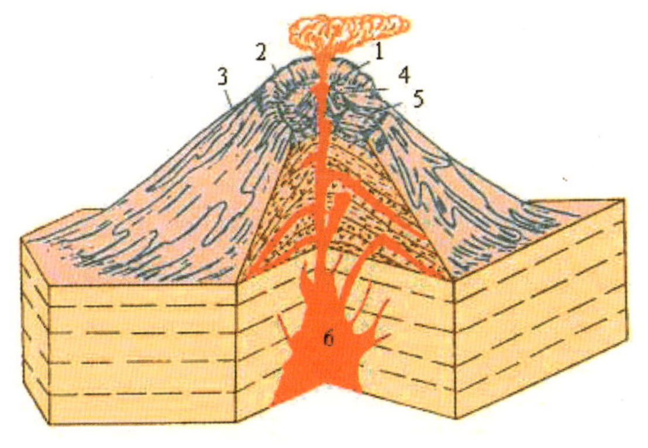


火山机构示意图

1——火山口

2——外轮山

3——火山锥

4——火山颈

5——破火山口

6——岩浆源

# | 精彩纷呈 |

## ▶黑龙江五大连池世界地质公园

五大连池的火山岩（张晶　拍摄）

五大连池是由于最新的火山喷发堵塞了当年的河道，形成了五个串珠状溪水相连、倒映山色的火山堰塞湖，是世界上保存最完整、最典型、时代最新的火山群之一，享有“天然火山博物馆”的美誉。五大连池地区火山群海拔高度为 400 ～ 600 米，以火山锥的特殊结构、各种火山熔岩流动形迹、结满冰霜的熔岩隧道以及冷碳酸矿泉而闻名于世。园区内有规律地分布着 14 座火山，其中 12 座形成于 1200 万—100 万年的地质时期；2 座火山喷发于 1719—1721 年，是中国最新的火山之一。区内众多火山锥拔地而起，锥体中的火山结构保存完整，从火山口流出的熔岩流长达 10 余千米，阻塞河流后形成五个串珠状湖泊——五大连池。这里的熔岩地貌类型多样，有世界罕见的成群火山喷气锥、喷气碟，有典型的绳状熔岩、翻花状熔岩及各种具有极高美学价值的象形熔岩、火山弹、浮石、熔岩隧道等。

五大连池火山群各火山的熔岩岩性基本相似，故将五大连池的火山熔岩统称为“石龙岩”。五大连池位于东亚大陆裂谷系的轴部，它的形成很可能是在裂谷作用下的地幔柱上隆的结果。因此，五大连池火山岩对探讨地球板块活动和岩浆演化都有重要科学意义，同时对监测当地火山地震活动也非常重要。

2002 年黑龙江省五大连池被评为世界地质公园。

绳状火山熔岩　　（张晶　拍摄）

## 五大连池

五大连池火山群由五个相连的火山堰塞湖组成。纵长 20 余千米，总水面面积 40 多平方千米，平均水深 3.18 米，最大水深 10 米，容水 1.7 亿立方米，湖水透明度 0.5 米。五个池子大小不一，形态各异，池岸曲折。其中头池最小，水面面积 0.11 平方千米；三池最大，水面似月牙形，面积 8.8 平方千米。池水由暗河从五池一直通到头池；再经过石龙河汇入讷漠尔河中。

五大连池的池水物理、化学性质良好，水质偏碱性，pH 值介于 7 ～ 9。冬季池面结冰。水中含有多种矿物质，使各池池水呈现黄、橙、绿、蓝等不同颜色。在药泉山、焦得布山、火烧山和尾山附近都有矿泉。

作者在五大连池火山口

## 老黑山和火烧山

除五大连池外，还有许多古代和近代的火山。中、近期形成的火山共 14 座，其中老黑山和火烧山年龄最小，但体态庞大，景色尤美，是五大连池中最佳景区。

老黑山是五大连池火山群里比高最大的一座火山锥体，高出地面 165.9 米，当你登上老黑山顶，向火山口里探望时，深 145 米呈漏斗状的火山口内壁十分陡峭，危崖森然，令人头昏目眩，火山口内寸草不生，

五大连池火山岩

只有紫红、黑褐色的火山碎屑物以及火山口边缘塌陷下去的岩石，无声之中仍让人深切地体会到当年那惊心动魄的一幕。

老黑山山势高耸，植被葱郁，相对高差达 166 米，是 14 座火山中最高的一座。山的东、北两侧有盘山道可达山顶，山顶有漏斗状火山口，直径 350 米，深 140 米。火山口周围有人行步道，俯视火山口底令人望而生畏。山上东北角有火山溶洞，洞内熔岩倒挂，景致千姿百态。

火烧山规模较老黑山小，植被很少。焦灼的火山口把整个大山劈为两半，裂缝狰狞，形态怪异，山坡中随处可见大小不一的火山弹。

老黑山和火烧山的四周为熔岩台地，总面积达 65 平方千米。当年喷出的熔岩沿白河向南流动，形成了蜿蜒 10 千米长的“石龙”。石龙景象举世罕见——远眺像大海汹涌的波涛，近看则怪石嶙峋，千态百姿，如熊如虎如蛇如绳如蟒。奇特的熔岩暗道、熔岩空洞中，更有奇特的熔岩钟乳贴附在洞穴的四壁，如角锥如棘刺如刀刃或如薄板，蔚为奇观。

## ▶云南腾冲火山国家地质公园

腾冲公园以古火山地质遗迹及与之相伴生的地热泉为特色。园区内有 97 座火山体。其中火山形态保存完整，有火山熔岩台地和裂隙溢出的熔岩台地，面积大、坡度平缓。腾冲火山熔岩构造景观主要有熔岩空洞、熔岩塌陷、熔岩流动和原生节理构造。火山碎屑岩可见熔集块岩、熔角砾岩和熔结凝灰岩。火山碎屑物引人注目，主要有火山弹、火山角砾、火山灰、浮石、火山渣。其中火山弹形状各异，主要有纺锤状、面包状、麻花状。各种类型的火山锥、火山口、熔岩台地、熔岩流堰塞湖泊等火山地貌十分显目，构成壮丽的火山旅游景观。另外，火山附生的地质现象非常丰富，典型的有地热带、热海热田、地热显示、热泉等。

腾冲地热显示状态丰富，有喷气孔、冒气地面、热沸面、喷泉、毒气孔、热水泉华、热水爆炸七类景观。热水泉华景观又有泉华台地、泉华堤、泉华堆、泉华陡壁、泉华扇、泉华蘑菇、泉华豆、泉华葡萄、泉华洞以及洞内华钟乳、泉华鹅管等，其色彩之绚丽，内容之丰富，为世界罕见。

腾冲火山形成于距今约 340 万年到 1 万年间的上新世至全新世，其中距今约 1 万年左右形成的火山共 4 座。较早形成的火山熔岩由于遭受长期强烈风化，火山锥体大多破坏，仅保存 6 座仍能见穹丘地貌或火山山体的火山。

## 火山群与热泉群

腾冲共有 97 座喷发过的火山，其中有 23 座火山的火山口保存较完整，这是中国新生代火山保存最多、最密集、最完整的地区。这些火山有穹状火山、截顶圆锥状火山、盾状火山、低平马尔式火山 4 种类型，腾冲的火山虽然是处于休眠期的火山，但是在它的地底深处最高的温度有时可以达到 230 度以上。

腾冲县境内有 80 多个地热显露区域，数量之多堪称国内第一，而且其种类之多亦为国内少见。据地质界人士介绍，腾冲地热按温度高低来划分有汽泉、沸泉、热泉、温泉；而按物质成分划分则有碳酸泉、氡泉、硫磺泉、硫化氢泉、放射性氡泉等。各类温泉含有对人体有益的微量元素多达 30 多种，有着非常神奇的医疗治病功效。

云南省的水热活动区数量居中国之冠，而腾冲又居云南省之冠。这里地热温泉之高、压力之大、蒸汽之盛、水热活动之强烈，在世界上都是十分罕见的。“火山”和“热海”是相生共存的，它们在一起才构成了腾冲的“火山热海”地质奇观。

## 火山热海——浴谷

滕冲热海的地热、蒸气泉含有多种对人体有益的矿物质和微量元素，对风湿性关节炎、慢性腰腿痛、高血压、末梢神经炎等疾病有神奇的疗效。据滕冲县当时记载，当地群众利用地热蒸气治疗疾病已有200多年的历史，这种先蒸后洗、桑拿浴式的地热蒸疗为许多病人解除了病痛。

## 火山喷发遗迹

公园内有数级熔岩台地，主要有环火山口熔岩台地、环火山锥熔岩台地和裂隙溢出的熔岩台地，面积大、坡度平缓。腾冲火山熔岩构造景观主要有熔岩空洞、熔岩塌陷、熔岩流动和原生节理构造；火山碎屑岩可见熔集块岩、熔角砾岩和熔结凝灰岩。主要有火山弹、火山角砾、火山灰、浮石、火山渣。其中火山弹形状各异，主要有纺锤状、面包状、麻花状。腾冲的火山是我国西南最典型的第四纪新生代火山，在全世界也属于最年轻的火山群之一。

腾冲火山群国家公园的火山坑

腾冲火山口

海口火山群地质公园

## ▶海南海口石山火山群国家地质公园

海口石山火山群以其火山成因的典型性、类型的多样性、形态的优美性、矿泉的珍稀性和火山生态的完整性而成为重要的地质遗迹。海口石山火山群为地堑—裂谷型基性火山活动地质遗迹，也是中国为数不多的全新世（距今 1 万年）火山喷发活动的休眠火山群之一。区内火山群面积约 108 平方千米，有 36 座环状杯状锥状火山口地貌遗址和 30 余条熔岩隧洞，其中马鞍岭火山口海拔 222.8 米，乃琼北最高峰。这里还蕴藏有丰富的优质饮用矿泉和地热水，还有被誉为海口城市“绿肺”的热带原生林和独具特色的玄武岩石砌古民居。

### 火山口公园

火山口公园位于海口市琼山区西部石山镇，离海口闹市区约 20 千米。园内及附近有距今 2.7 万年至 100 万年前火山爆发所形成的由 36 个火山口组成的死火山口群。其中最大者海拔222.2米、深90米，是世界上最完整的火山口之一，因形似马鞍，又名马鞍岭，是琼北地区制高点。周围还有几十个小的死火山口或死火山眼。地下有火山岩洞群，是火山喷发的产物，被地质专家誉为天然火山岩洞博物馆，其中仙人、卧龙二洞最为壮观。仙人洞距马鞍岭火山口4千米，洞口玄武岩上有“石室仙踪”石刻，引人注目，该洞中又有洞，人们在20世纪50年代清理洞中泥沙时发现类似斧凿的磨光石器，可能曾经是人类祖先穴居的遗址。卧龙洞距仙人洞不到1千米，洞长3千米，高7米，宽10米，可容万人。

绳状熔岩

## 延伸阅读

### ▶火山岩（喷出岩）

火山岩是指火山爆发喷出地面的炽热气体、液体和固体再落到地面堆积起来的不同形状的小山，由于喷发出来的岩浆有气体渣和固体岩浆，温度和压力迅速下降，发生了化学变化和物理变化，所以岩浆就变成了火山岩。

岩浆在地壳变动时形成的断裂带有的岩浆慢慢侵入地壳，缓慢的冷却形成岩石，在喷出岩浆温度和压力骤然降伏的条件下形成，造成熔解在岩浆中的挥发气体大量逸出，形成气孔状构造。

### ▶火山岩特征

1. 外观形状：无尖粒状，表面粗糙。

2. 多孔性：火山岩天然蜂窝多孔。

## ▶火山岩柱状节理

柱状节理通常是指发育在火山岩中呈规则的四方、五方、六方棱柱体形态的原生节理构造或张性破裂结构面。柱状节理具有几组不同方向的节理，可将岩石切割成多边形柱状体，柱体垂直于火山岩的基底面。

内蒙古太仆寺旗

吉林长白山十五道沟

内蒙古扎兰屯

内蒙古赤峰

山东即墨

江苏南京

河北张北

浙江大鹿岛

云南腾冲

台湾澎湖

福建南碇岛

广东湛江

六角形岩柱群形成过程

A
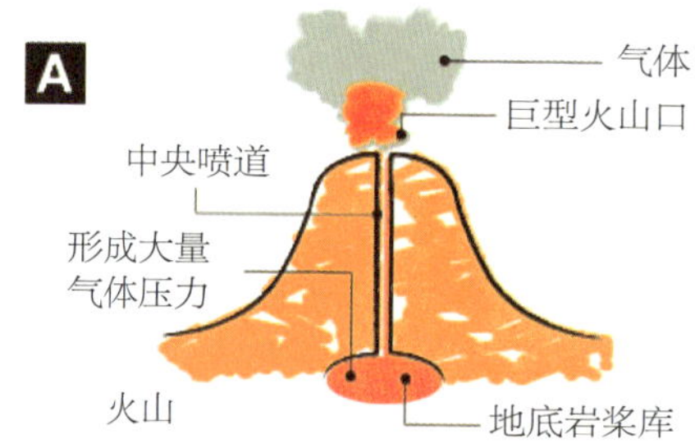


B

强烈火山爆发

C
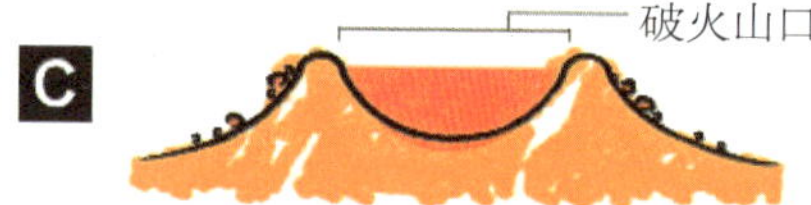

当地底岩浆连火山灰、碎石喷涌而出后，地底岸浆库变得空洞，火山口缺乏支撑继而下陷，形成巨大凹位，中间填满厚厚的热火山灰、碎屑和熔岩，称为“破火山口”

D
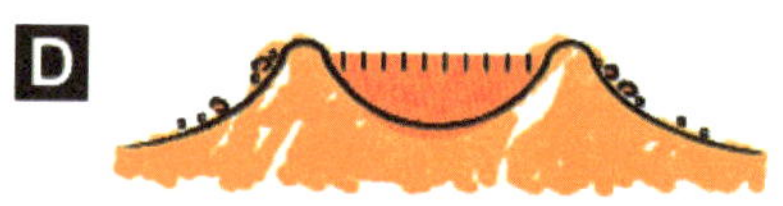
熔岩开始冷却，节理（裂隙）在表面形成

E
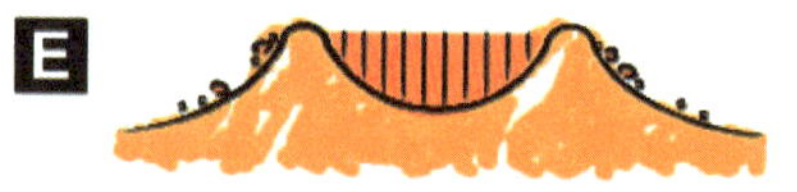
节理（裂隙）在岩石冷却时向下垂直延伸

F
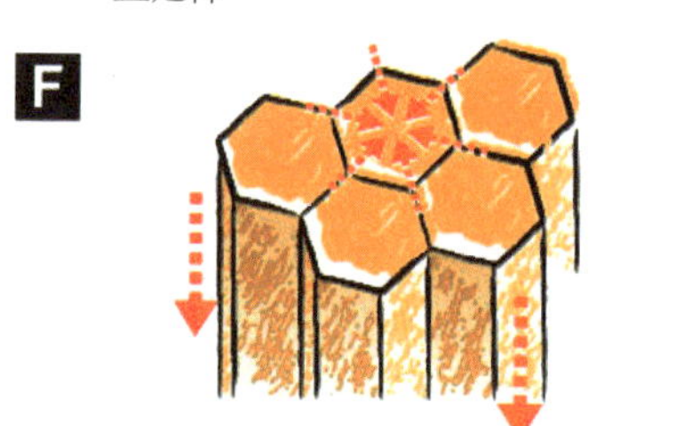
岩石冷却向中心部分及向下垂直收缩，形成六角形岩柱

柱状节理成因示意图

## ▶状节理成因

玄武岩岩浆之所以能流动并覆盖广大面积，归因于它的二氧化硅含量较低，使岩浆的黏稠性也跟着降低，所以可漫流覆盖广大面积。当厚层熔岩流静止冷却时，会由顶部和底部开始产生多角状的收缩裂隙，若是一个相当均质的岩体，由于均衡的收缩，理论上会生成等边的六边形裂隙。此裂隙便是节理面，而且会垂直地形面，逐渐向厚层熔岩流内部发育，当上下裂隙连成一面，便成紧紧相临的一根根四角形、六角形石柱。这些石柱多为垂直，若偶尔发现扇状或倾斜状，则表示熔岩流覆盖的地表有局部起伏的现象。

## 阅读感悟

火山爆发的力量来自哪里?

# 06 喀斯特石林泄露了大地太多的秘密

喀斯特即岩溶地貌是发育在以石灰岩和白云岩为主的碳酸盐岩上的地貌。中国喀斯特有面积大、地貌多样、典型、生物生态丰富等特点。千姿百态的喀斯特岩溶奇观异景大都集中在我国西南，尤其是在石灰岩广泛分布的地区。石林岩溶风景地区，不仅有峰芽叠嶂的地表景观，还有洞穴交错的地下景观。云南石林、桂林山水、三峡风光这样壮丽景观就是典型的石林地貌景观。石林就像一本书，它可以帮助我们阅读地球、阅读岩石。石林不仅允许我们在地上看，还允许我们深入它的腹地和内部去观察，可以让我们更直接阅读地球，阅读岩石。

## 成因

形成喀斯特石林地貌的先决条件是地表有节理裂隙发育的石灰岩。石灰岩多是在海洋中形成的，是一种沉积岩，主要成分是碳酸钙，在降雨量大、温度高且地下水循环通畅的环境下，极易被富含二氧化碳的水

石林的发育及演化示意图

石林地区曾经是海洋，沉积了大量的石灰岩。后经海底抬升，原本在海底的石灰岩层露出水面。溶解了二氧化碳的流水略带酸性，与石灰岩发生化学反应，把坚硬的岩石逐渐溶蚀断开。

地表和土壤中的水都在一点一点“啃食”着石灰岩层，积水的岩石裂缝越来越大、越来越深。经过漫长的岁月，厚厚的岩层变得高低不平，在溶蚀作用强烈的地方只剩下石芽、石柱。

构造运动使岩浆从地表裂缝涌出，将石灰岩层盖住。岩浆冷却后凝成的岩石有很多裂缝，雨水就从这些裂缝中流入，继续溶蚀石灰岩层，上层的岩浆岩也不断被风化剥蚀。

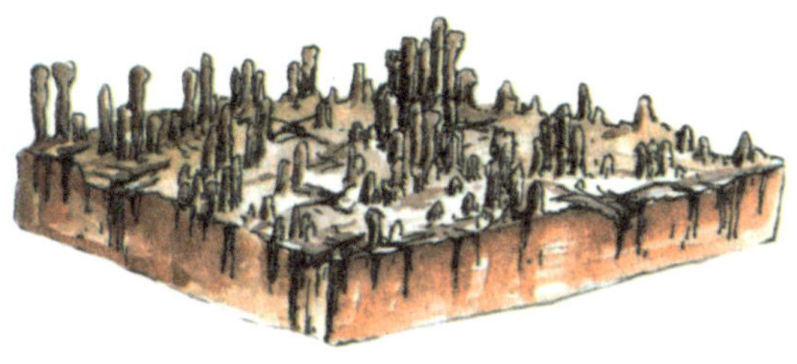

经过漫长的地质年代，石林地区几经沉浮，石灰岩层上覆的岩浆岩被风化剥蚀掉了，被埋藏的石芽、石柱得以重见天日。石灰岩溶蚀的过程仍在继续，把远古的石灰岩层塑造成我们现在所见的模样。

溶解流失，使裂缝加宽、加深、加大，最终形成石骨嶙峋的地形。经久不断的各种地质作用，使裂缝加宽、加深，直到形成地下的洞穴系统和河道。

石林发育与地下水道深化

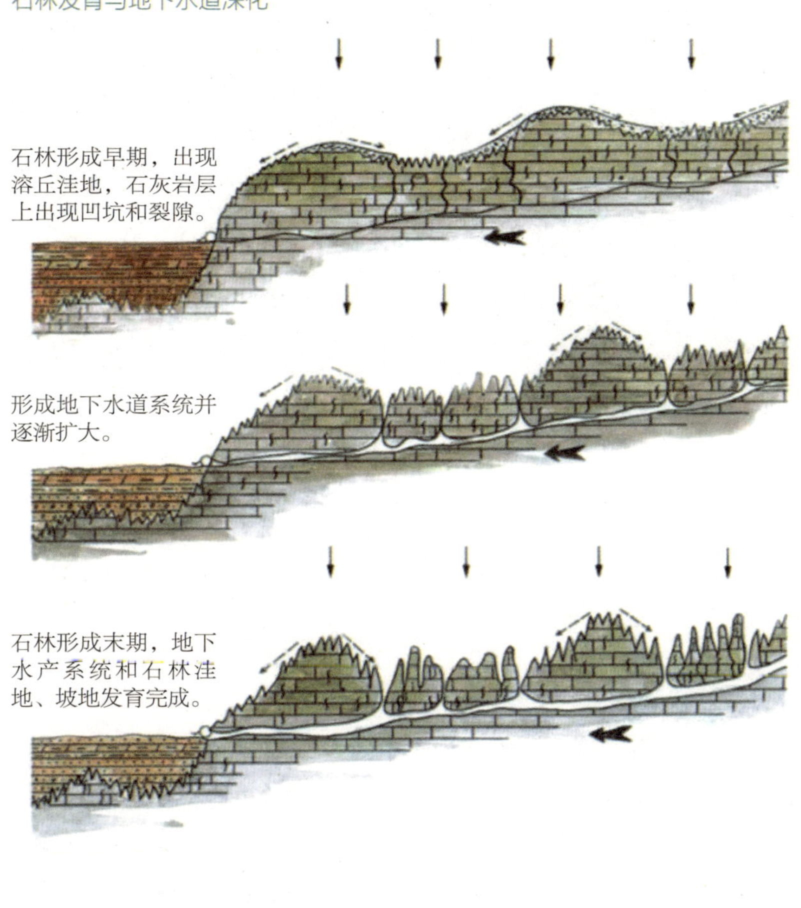

砂岩

石灰岩

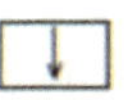
降雨

地表水流

地下水运动方向

泉

# | 精彩纷呈 |

## ▶云南石林岩溶峰林国家地质公园

（张晶　拍摄）

云南石林以岩溶峰林地貌景观为主。在独特的地质、气候、水文条件下，多期石林继承发展、相互叠置、层次分明，形成极具多样的石林喀斯特形态。世界各地最为典型的石林喀斯特形态在这里都可以找到，不仅有发育完美的剑状、刃脊状喀斯特，而且有蘑菇状、塔状等形态，可谓集石林景观之大成，堪称“石林喀斯特博物馆”，具有极高的科学和美学价值，是目前唯一位于亚热带高原地区的石林。

这里曾经是一片汪洋大海，沉积了许多厚厚的大石灰岩。经过了后来的地壳构造运动，岩石露出了地面。约在 200 万年以前，由于石灰岩的溶解作用，石柱彼此分离，又经过常年的风雨剥蚀，形成了组合类型多样的石林地貌景观。其石牙、峰丛、溶丘、溶洞、溶蚀湖、瀑布、地下河错落有致，是典型的高原喀斯特生态系统。

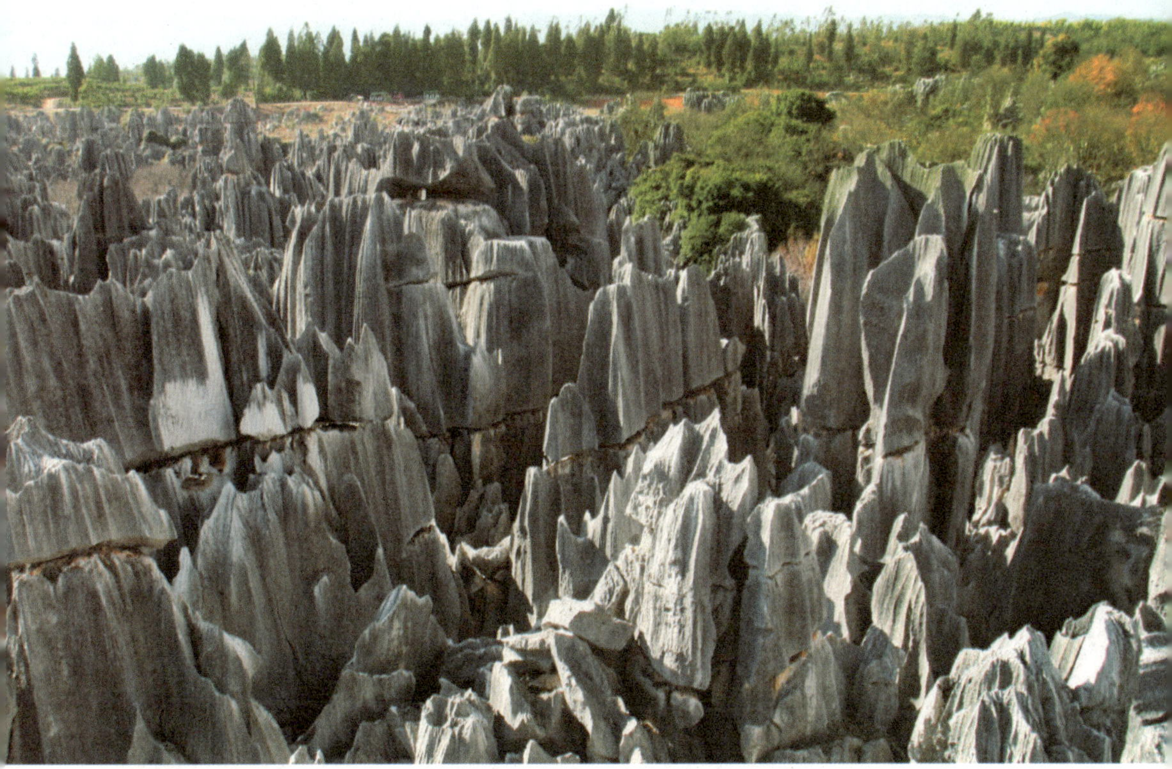

（张晶　拍摄）

你去看

石林

柱状石林　剑状石林

塔状石林　蘑菇状石林

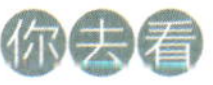

石林的分布长达60余千米。大小石林、乃古石林、芝云洞、长湖、月湖、大叠水、奇风洞、蓑衣山等景区构成石林地质公园主体。其石林喀斯特形态有剑状、刃脊状、蘑菇状、塔

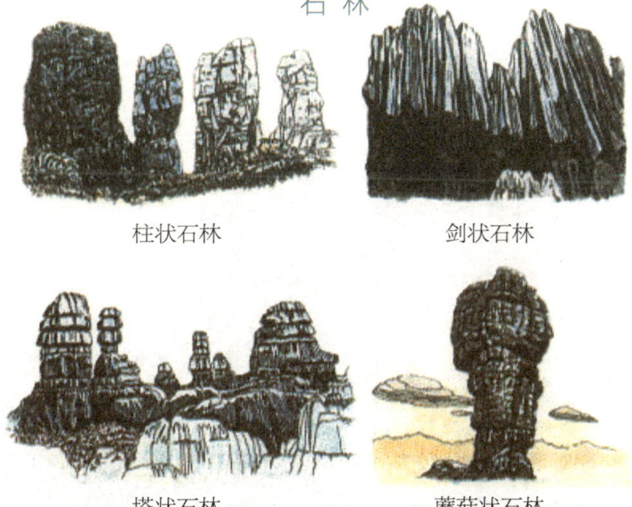

状等，可谓集石林景观之大成。

在园区内，低矮的石牙与高大的石柱成簇成片广布于山岭、沟谷、洼地等各种地形，并且与喀斯特洞穴、湖泊、瀑布等相共生，组成一幅喀斯特地貌全景图。特别是这里连片出现的高达 20 ~ 50 米的石柱群，远望如树林，人们望物生意称之为“石林”，被人们赞誉为“天下第一奇观”“世界石林博物馆”。

（张晶　拍摄）

（张晶 拍摄）

## ▶重庆武隆岩溶国家地质公园

地质公园位于重庆市武隆县境内，地处长江支流乌江下游，由两个地质遗迹园区组成：位于县城北面的天生三桥地质公园园区和位于县城东南面的芙蓉洞、芙蓉江地质公园园区。这两个园区分别位于乌江的北岸和南岸，总面积 454.7 平方千米，属全国罕见的大型岩溶地质公园。公园的地质遗迹和地质景观以碳酸盐岩溶地貌最具特色，其溶洞群、天坑群、天生桥群、竖井群、峡谷、地缝、石林、石芽、峰丛、峰林、地下伏流、间歇泉、温泉分布十分广泛，组合十分完好，种类十分齐全，在全国目前发现的喀斯特地貌奇观中实属罕见，享有“中国地质奇观旅游之乡”的美誉。

### 武隆天坑 · 天生三桥景区

武隆天坑深度和口径均在 300 米以上，气势雄伟壮观，风景秀丽宜人。天坑坑口有十字形、纺锤形、簸箕形，变化多端。其中中石院天坑

武隆天坑地貌景观　　（张晶　拍摄）

是迄今发现世界上口径最大的天坑，口径面积为27.82万平方米。武隆国家地质公园是“AAAA”级旅游区，也是世界上第二大天坑群，仅次于广西乐业天坑群数量。

景区内游览路线从崖壁到谷底共5千米，有规模宏伟的天生桥，如天龙桥、青龙桥、黑龙桥。气势磅礴的天生石拱桥称奇于世，桥平均高200米以上，桥面宽约100米，在距离仅1.2千米的范围内就有如此庞大的三座天生桥实属国内罕见、世界稀有，属亚洲最大的天生桥群。景区林森木秀、峰青岭翠、悬崖万丈、壁立千仞、绿草成茵，修竹摇曳、飞泉流水，一派雄奇、苍劲、神秘、静幽的原始自然风貌，以山、水、瀑、峡、桥共同构成一幅完美的自然山水画卷，其中天生三桥、飞崖走壁、擎天一柱、绿茵生辉、翁妪送归、仙女洞等景点引人入胜，使人留连忘返。

### 武隆地缝景区

位于仙女山南麓，与武隆天坑·天生三桥风景区是同生在洋水河大

（张晶　拍摄）

峡谷上的姊妹景区，但风光迥然不同，属极为难得的可进入性且观赏性极强的地缝景观。地缝全长 2 千米，最窄处仅 1 米，从谷顶到谷底高差可达 200 ~ 400 米。景区内游览线路为全栈道设计，科学合理；谷顶谷底之间设有国内第一部 80 米室外景区观光电梯接送，缝外秀色尽收眼底；天然洞内碧潭中喷泉流水，栈道穿 30 米高瀑布水帘，奇哉妙哉。地缝中老树藤萝盘绕，泉水流瀑挂壁，险峻幽深，怪石峥嵘，明涧湍急。抬望眼，壁立千仞，天光曦微，让人魂魄神往而不知身之何处。可以说，观龙水峡地缝，可知百万年地质变化。

## 芙蓉洞景区

芙蓉洞位于武隆县江口镇芙蓉江的乌江入口处，国家“AAAA”级旅游区，属于大型的石灰岩洞穴。洞全长 1864.7 米，洞体宏大，次生化学沉积物种类繁多。大小景点近 300 余处，沉积物种类近 100 种。景观有气势宏大的石柱、石笋、钟乳石，有玲珑剔透的石花、石膏花、石晶花、石旗等，有珍稀精美号称瑰宝的石幕、珊瑚晶花、大牙晶花、鸡爪石花。其中珊瑚瑶池、巨幕飞瀑、生命之源、石花之王、犬牙晶花五景被称为“洞中五绝”。2001 年发现的芙蓉洞竖井群，被地质专家称为中

国最大的竖井群，其地下阡陌纵横的地下河、溶洞群等待后人前去探索。

### 芙蓉江景区

芙蓉江发源于贵州省绥阳县的石瓮子，由南向北流经黔渝两省市，在武隆江口注入乌江，全长231千米，是乌江最大支流。芙蓉江重庆段属国家重点风景名胜区，面积约150平方千米，河道长35千米，以规模宏大的“V”字形峡谷为主，但在宽谷河段也有心滩与河曲和巉岩会成为游人难求的水上乐园。芙蓉江景区动植物丰富珍奇，亚热带、热带植物繁茂，两岸绝壁覆盖率达60%，珍稀动物长尾黑叶猴可贴近观察，猕猴更是成群可见，与芙蓉江融为一体，使景区更富于观赏价值。

## ▶贵州兴义国家地质公园

兴义位于黔、滇、桂三省区结合部，喀斯特地形地貌典型突出，形成了独特的锥状喀斯特地质景观。峰林呈南北走向，神奇秀美，绵延15千米，山峰密集奇特，气势宏大壮阔，整体造型完美，形成一道天下罕

贵州兴义峰林地貌景观　　（张晶　拍摄）

见的峰林画廊。万峰林景区是国家级风景名胜区马岭河峡谷的重要组成部分，由兴义市东南部成千上万座奇峰组成，气势宏大壮阔，山峰密集奇特，整体造型完美。从地质学的角度看，北部为峰林盆地，中南部为峰林洼地和峰丛山地，峰林、峰丛大多为呈锥形，部分为钟状、平顶状和马鞍状，堪称一座“中国锥状喀斯特博物馆”。

万峰林，由近两万座奇峰翠峦组成，长 200 多千米，宽 30 ~ 50 千米，仅兴义市境内就有 2000 多平方千米的面积，占兴义市国土面积 2/3 以上，是中国西南三大喀斯特地貌之一。3 亿年前，这里是滇黔古海的一部分，经历了燕山、印支、喜马拉雅等多次造山运动以后，隆起的石灰岩在烈日、雨水、二氧化碳和有机酸的共同作用下，逐渐形成了溶洞、峰林、天坑、裂谷、地缝、钟乳石、石笋等奇观。

2004 年，万峰林被评为“国家地质公园”。2005 年，中国《国家地理》“选美中国”评定万峰林为“中国最美的五大峰林”。

## 峡谷景观——马岭河峡谷和黄泥河峡谷

马岭河峡谷具有“高原峡谷一线天”的神奇特点，类型极其丰富，主要有峰谷峭壁、瀑布群、泉群、钙华瀑、崩塌体、急流险滩等类型，构景复

杂，组合多样，千姿百态。两岸奇峰峭壁千仞，岩面斑驳陆离，发育良好的钙华体，色彩鲜艳；上百条瀑布，从百余米高的悬崖上飞流直下，气势磅礴，雄伟壮观。峡谷中还可以进行漂流，是我国著名的峡谷漂流河段之一。

## 峰丛及峰丛洼地

（张晶　拍摄）

峰丛景观包括三个景区：安章峰林景区，又称东峰林景区；下五屯——纳灰景区，又称西峰林景区；郑屯坡岗峰丛洼地森林奇泉景区。三个景区各有特色，或雄伟壮观，或秀丽恬静，或神秘幽远。其中，还有小桥流水，田园村寨，充满了诗情画意。景区内分布最广的是岩溶地貌景观，它是岩溶锥状山峰基座相连且高低起伏的丛状石峰，与其间密集的岩溶漏斗、洼地组合而成，面积达 350 平方千米。其中心分布于马岭河下游沿岸一带，其特点一是分布空间高旷，锥峰密集，气势恢宏；二是观赏性强，高旷的河谷斜坡上锥峰层层叠置，直耸云天。

## 石林景观

万峰林分为东峰林和西峰林两大片，对外开放的主要是下五屯镇境内的西峰林。这一带的峰林，几乎包含了锥状喀斯特地区所有的峰峦形

贵州兴义万峰林景区　（张晶　拍摄）

态，其间还有河流、溶洞、伏流、漏斗，就西峰林风景区大小漏斗就有三十多个，组成一漏斗群奇观。这里也是中国锥状喀斯特发育最典型、最完整、最集中的地方，作为贵州锥状喀斯特的典型代表已被联合国教科文组织列为中国喀斯特世界自然遗产预选名单。

万峰林景区由成千上万座奇峰秀石组成，绵延数百千米，以气势宏大壮阔、整体造型完美、山峰密集奇特而备受中外游客的青睐。它分为东、西峰林两大景区，景致各异，相映成趣，分别被称为“大自然的水画”“天然大盆景”。

## 湖泊景观

包括万峰湖和云湖山景区——万峰湖烟波浩渺，万峰碧翠倒映水中，湖光山色如梦如幻；云湖山雄奇险峻，每当雨后初晴，则云潮涌动，形成茫茫云海，气势雄阔。

贵州兴义万峰湖景区

贵州龙动物群化石

贵州龙化石

产于兴义市布依族聚居的顶效镇绿荫山村，位于兴义市区东北 13 千米。兴义因动物群产地面积宽、品种新、藏量丰，被誉为“龙的故乡”。

## 延伸阅读

### ▶世界自然遗产——中国南方喀斯特

2007 年 6 月，中国南方喀斯特被被列入《世界遗产名录》。世界遗产委员会评价：“中国南方喀斯特”在喀斯特特征和地貌景观方面的多样性是无与伦比的，代表了世界上湿润热带到亚热带喀斯特景观最壮观的范例，因而具有突出普遍价值；根据申报材料和许多专家所提供的证据，可以得出结论，中国南方喀斯特——云南石林是最好的自然现象和世界上该类喀斯特的最好参照，是世界上石林地貌的最好范例，是喀斯特特征的模式地。中国南方喀斯特覆盖了 50000 平方千米，主要位于云南省、贵州省和广西壮族自治区，有着多样的喀斯特地形地貌。这个世界遗产目前包含荔波喀斯特、石林喀斯特和武隆喀斯特。

剑状石林：雨水从岩石顶部顺两侧向下淋溶，两侧形成垂直方向的溶沟，而顶部形成锋利的刃脊

塔状石林：流水沿水平的岩石层理溶蚀，使石柱体形成彼此分离的叠层

云南喀斯特地貌景观

中国南方喀斯特展示了一个由多湿的热带至亚热带的喀斯特地貌。石林是世界范围内一个伟大的自然现象和一个世界性的地标。

我国西南地区之所以风景佳绝，是因为那里有大片的石灰岩地区，也就是“喀斯特”地貌区。

## 阅读感悟

中国南方喀斯特为什么会成为世界自然遗产?

# 07 风骨嶙峋的石英砂岩峰林

砂岩峰林其地貌特征以石英砂岩峰林峡谷为主，即由产状近水平的巨厚层石英砂岩被几组垂直大型节理切穿，经后期地壳抬升、流水侵蚀切割后，其周边形成悬崖峭壁的平台、方山、峰墙、峰丛、峰林、孤峰等一系列地貌景观。张家界石英砂岩峰林地貌、三清山花岗岩峰林和黄河景泰砂砾岩峰林是峰林景观的经典。

## 成因

拔地而起直插云霄的峰林，让人很难想象在亿万年前，它们都是从微小的沙粒开始成长的。石英砂岩峰林地貌的岩层多为巨厚层或厚层石英岩状砂岩夹薄层粉砂岩等，其石英含量高达 90% 以上，且其胶结物多为铁质、硅质等。石英和铁、硅质胶结物的化学性质在表生环境下十分稳定，具较强的抗蚀性，另一方面，由于它具有坚硬的物质特性，构成峰柱的坚固的基座。高角度裂隙的发育，是砂岩峰林地貌形成的必要条件。新构造运动的抬升，是砂岩峰林地貌形成的动力因素。第三纪以来的新构造运动，使该区不断地产生间歇性抬升，地壳的抬升导致侵蚀基准面的下降，使得该区水动力作用加剧，流水最终切穿高角度的节理或构造裂隙软弱带，形成今日的石英砂岩缝林地貌景观。

## | 精彩纷呈 |

### ▶湖南张家界砂岩峰林世界地质公园

张家界独特的石英砂岩峰林直立而密集，给人以层峦叠嶂的磅礴气势与恢宏大观。园区总面积约 3600 平方千米，由张家界、索溪峪、天子山、杨家界四

张家界石英砂岩峰林地貌　（张晶　拍摄）

个主要风景区和黄龙洞等构成一个完整的生态系统，山、水、桥、洞、瀑地貌景观齐全。张家界以其峰柱的高大、雄奇、险峻、集中呈林状分布而独具魅力，被誉为“天下奇观”。不仅有独特的石英砂岩峰林，而且发育有岩溶台原、岩溶峡谷、岩溶洞穴及古生物化石地层剖面等地质遗迹景观。

园区内有 3000 多座拔地而起的砂岩峰柱，其中高度超过 200 米的有 1000 多座，最高的金鞭岩高达 350 米。个体形态有方山、台地、峰墙、峰丛、峰林、石门、天生桥及峡谷、嶂谷等。公园以世界上独一无二的砂岩峰林地貌景观为核心、以岩溶地貌景观为衬托，兼标准地层剖面、特殊化石产地等大量地质遗迹，构成独具特色的以砂岩峰林地貌为主体的组合景观。公园内还有岩溶洞穴地貌。

张家界武陵源砂岩峰林地貌代表了地球上一种独特的地貌形态和自然地理特征。它是在特定的地质构造部位、特定的新构造运动和外力作用条件下形成的一种举世罕见的独特地貌。亿万年前，这里曾是海洋，沉积了厚厚的石英砂岩地层。石英主要成分为二氧化硅，晶体常为棱柱

张家界石英砂岩峰林地貌　　（张晶　拍摄）

状，而且硬度高，由它为主要成分构成的岩体，虽然比较坚硬，但比较脆，发生弯曲时容易断裂。侏罗纪至早白垩世之间的燕山构造运动，将这里逐渐抬升为陆地、山脉、江河。之后又经各种风化作用，使这里具有多垂直方向的节理石英砂岩岩层破碎成许多相互分割的细高山峰、山岭，而坚硬的质地又让这些“瘦高挑”能屹立不倒，形成了如今的奇峰耸立、怪石峥嵘的独特自然景观。

张家界

（张晶　拍摄）

张家界位于武陵源索溪峪的西南端，与索溪峪自然风景区、天子山自然风景区毗邻，总面积 7.2 万亩。张家界以峰称奇、以水显幽、以林见秀。境内群峰拔地而起，如巨笋傲指苍穹，岩峰的四边如斧砍刀削般齐整而又形态各异。主要游览点有黄狮寨、腰子寨、袁家界、砂刀沟、金鞭溪等。

天子山

位于武陵源索溪峪的西北部，与张家界国家森林公园、索溪峪呈三足鼎立之

势。天子山海拔 1262.5 米，以其高而雄视群芳。天子山观景，视野开阔，气势雄伟，层次丰富，尤其以看峰、观日、赏雾、品雪为绝唱。所以有“看了天子山，不看天下山”的说法。这里还有着成片的原始次生林，奇花异木比比皆是。

## 黄龙洞

被中外溶洞专家誉为世界溶洞的全能冠军。已探明的洞底总面积 10 万平方米，全长 7.5 千米，垂直高度 140 米，内分两层旱洞和两层水洞。

洞内拥有 1 库、2 河、3 潭、4 瀑、13 大厅、98 廊。洞内有迷宫、响水河、天仙水、天柱街、龙宫等六大景区，整个大洞犹如一株古木，盘根错节，

散发开来，洞中有洞，楼上有楼，各种洞穴奇观琳琅满目、美不胜收。其规模之大、钟乳石之多、形状之奇，在国内外溶洞中是极为罕见的。

### 金鞭溪

位于森林公园的东部，因溪畔的金鞭岩而得名，全长 15 华里，自老磨湾至水绕四门经索溪注入湖南四大水系之一的澧水，石峰连绵，飞瀑直下。溪水穿行于深壑幽谷之间，溪的两边千峰耸立，高入云天，树木繁茂，浓荫蔽日。这儿溪水潺潺、琉璃飞瀑，奇花异草与珍禽异兽同生共荣，构成极为秀丽、清幽、自然的生态环境，被称为“世界最美的峡谷”和“最富有诗意的溪流”。

（张晶　拍摄）

### 天门山

天门山是张家界最早被记入史册的名山。海拔 1518.6 米，巍然耸立于张家界市区边沿，距市区仅 8 千米，宛然张家界的天然画屏，成为张家界最具代表性的自然景观之一。长久以来，天门山不仅以其神奇独特的地质外貌和秀美无比的自然风景令人瞩目，更因其深远博大的文化内涵和异彩纷呈的人文胜迹闻名遐迩，被尊为张家界的文化之魂、精神之魂，有“湘西第一神山”的美誉。在漫长的地质历史中，天门山经历海相沉积后，上升为陆相沉积，形成高山，特别是大规模的喜马拉雅山造山运动，使天门山分别被两条断层峡谷切削成四周绝壁的台形孤山，几千米之内高差达到 1300 多米，从而造就了孤峰高耸、临空独尊的雄伟气势。天门山的文化底蕴深厚博大，尤其以源远流长的佛道文化和神奇的民间传说闻名遐迩。

## 岩溶洞穴地貌

形态有漏斗、洼地、溶丘、石芽、石林、穿洞、溶洞、伏流、暗河等。溶洞以黄龙洞最为典型，洞内景观引人入胜，洞穴迷宫、卷曲石钟乳石、鹅管、歪斜钟乳石以及色彩绚丽、晶莹剔透、形态各异、精妙绝

洞穴地貌景观

伦的滴水石，如石钟乳、石笋、石柱、石瀑、石幔、石帘、石花等，是世界上已发现的溶洞中石笋最集中、神态最逼真的地方之一。

## ▶江西三清山国家地质公园

三清山国家地质公园以构造侵蚀花岗岩中山峰林地形为主，具有丰富地质遗迹与独特地质地貌现象的自然地理区域。位于江西省东北部德兴市、玉山县交界的怀玉山腹部，属典型的花岗岩峰林地貌，海拔一般1000 ~ 1800 米，为中山地形，主峰玉京峰海拔 1816.9 米，为怀玉山脉的最高地质地貌景观。园区总面积 229.5 平方千米，主要地质遗迹面积71 平方千米。

三清山以中生代花岗岩和元古代 - 古生代地层为主。花岗岩是岩浆在地面以下凝固成的岩石，通常不易形成峰林。但是三清山地区地质作

三清山花岗岩峰林地貌　　（张晶　拍摄）

用过程复杂多样：一是花岗岩时代年青；二是具有发育的断裂裂隙，强烈的三角形断块作用，使其断裂变形；三是雨水丰沛，地处中亚热带季风湿润区，径流发育；四是地壳仍处在上升抬升期，地貌处于幼年末期到壮年初期，峰峦、峰墙、峰丛、峰柱、石芽等奇特的微地貌异常发育。

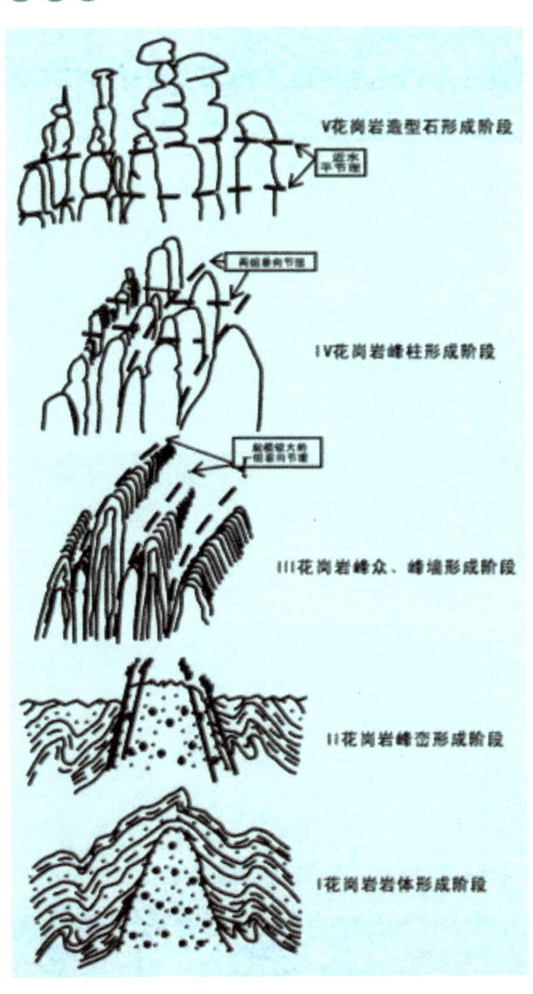


### 峰林地貌

三清山山体耸峙，具华山、泰山之雄峻，峰林赛黄山之奇秀。其山体中下部雄峻、上部奇秀，峰林奇石景点主要出现于山体上部，且以集中分布为特色。在中心景区 28 平方千米范围内，有奇峰 48 座，怪石 89 处，景物、景观 300 余处，具有东险西奇、北秀南绝、中峰巍峨的特点。犹如一个大盆景，坐落于三清山中高山之上，集结了峰林景观的精华，为世界罕见。较为典型的峰林景观有：

峰峦　指规模巨大的峰柱地貌景观。其形似柱体，大如山峰，是花岗岩区地壳抬升，经风化剥蚀和构造切割，进而形成峰林地貌初始发育阶段的表现。如玉京峰景区的玉京峰海拔 1816.9 米，相对高度大于千米。

**峰墙**　指具有一定规模的墙状体地貌景观，且墙体陡峭呈一定走向、两壁近于平行，墙体上部与下部厚度近等，如西海岸景区的九天长城（九天锦屏）、西海重墙等景点。

**峰丛**　又称连座式峰林，因其峰体基部彼此相连而得名。峰丛的基部大于峰体。峰丛是花岗岩区地壳抬升，沟谷切割加深，基座高度增大，在新的侵蚀基准面条件下峰林地貌刚开始发育阶段的表现。如天门丛峰、琼台丛峰等景点。

**峰柱**　指沿花岗岩垂直节理裂隙，经风化剥蚀、冲刷所形成的柱状体，峰体之间有很深的沟槽、沟谷，且沟壁陡峭笔直。峰体高耸，高达几十米至上百米，如巨蟒出山其峰柱高达128米。峰体有的薄如刀刃、有的状若碑林、有的形似“万笏”，如南清园景区的万笏朝天、三龙出海、观音赏曲等。

**石芽**　石芽峰体的规模较峰柱峰体小，高度由0.5～2米，有的几十米。其形态主要为不均衡风化所致，有的形似豆芽、有的状如手指、有的宛若尖塔。这些石芽大多发育于峰柱之上。

## 女神峰

女神峰为一象形独特的花岗岩峰柱和造型景观，以形似女神而得名，是三清山标志性景点，也是世界绝景。景点海拔标高 1182 米，峰柱高 86 米。景物为燕山期岩浆上侵形成花岗岩后，随着地壳的上升和构造运动，产生断裂和节理，系由二组近垂直的节理及一组水平节理切割和崩塌、球状风化剥蚀等综合作用而形成。

（张晶　拍摄）

## 巨蟒出山

花岗岩峰柱景观，因形似巨蟒而得名。景点海拔标高 1200 米，峰柱高度 128 米，直径 7 ~ 10 米不等。景观为花岗岩形成后，随着地壳的上升和构造作用产生断裂和节理，再遭风化剥蚀。先形成南北向峰墙，然后沿近东西向节理形成峰柱——“蟒体”，在风化和重力崩塌作用下，沿近水平节理，产生多处崩解，形成“巨蟒”。蟒身见多条细晶岩脉侵入。

（张晶　拍摄）

## 万笏朝天

景点海拔高度 1350 米左右，相对高度约 200 米。由一系列垂直朝天的峰柱组成，其石峰形如刀切，一般裂为 7 瓣，凌空拔地而起，有如朝贺天尊时手持的玉笏，故名“万笏朝天”，系由花岗岩体被两组垂向节理切割并遭受风化剥蚀而形成。

（张晶 拍摄）

## 九天长城

位于西海港湾以北，猴王观室以南约 300 米处有一峰墙形似著名的万里长城的一段城墙，城墙体走向笔直约 200° ~ 205° ，长约超过 100 米，墙体厚度 15 米左右，高约 60 米，城体直立、表面平整，为一发育和保存较完好的花岗岩峰墙地貌景观，故名“九天长城”。因其墙面平展如屏，在岩缝间苍松点青、杜鹃映红，犹如彩绢图画，故又称“九天锦屏”。

## 天门丛峰

从日上庄北望梯云岭顶部，有一组南北走向排列的峰丛，基部相连，顶部尖锥状，峰体厚度 5 ~ 20 米，高度 20 ~ 100 米不等。这里座座峰丛平等排列，嶙峋瘦峻，中间峰豁然分开耸立，所拔地凌云，开如大门，故名“天门”。

## 六大景区

### ❶ 南清园景区

景区位处公园的东南部，景观资源丰富，种类繁多。峰墙、峰丛、峰柱及各种造型石景都发育较好，共有40余个景点景物，也是园区精华景观所在，几大绝景均处在该景区内，较好地反映了花岗岩峰墙、峰丛、峰柱、造型石等景观（三清山式）的基本特征及演化过程，是进行花岗岩峰林地貌旅游观赏和科学研究的绝妙之地。

### ❷ 西海岸景区

位于园区西部，这里是连接公园南北的金海岸，是观赏园区花岗岩峰林地貌和峡谷地貌景观最佳景区之一。身临西海悬廊，惊、奇、险、幻、幽、函，无不令人唏嘘感叹。云海、山海、石海、林海、花海苍茫无不令人心旷神怡。这些景观（群）较好地反映了花岗岩峰丛、峰墙、峰柱、造型石和峡谷景观的基本特征及演化过程，是一处进行花岗岩地貌景观科考和科普较理想的实景。

### ❸ 玉京峰景区

该景区位于园区的中心位置，也是园区制高点，站在峰顶，全园区的美景尽收眼底。三清山也因其代表性景观三清列座而得名。景区以发育花岗岩峰峦和峡谷为特征，海拔一般在800～1000米以上，最高峰玉京峰为1819.9米。三清山具有秀美奇绝的花岗岩峰林景观，峰林间还有峰墙、峰丛、峰柱、石芽等类型峰林，千姿百态，精妙绝伦，堪称天下峰林的橱窗。

### ❹ 三清宫景区

该景区位于公园的北部，包括北西角的西华台景群、北东角的玉灵观景群和中心区。中心区（三清宫“盆地”）即为三清宫景区的主体，也是公园道教文化景观—人文景观核心所在地。

### ❺ 万寿园景区

位于园区南山地区，景区以发育花岗岩造型石景为特色。因景区内奇妙的景观景物寓意与寿文化主题浑然天成，珠联璧合，且景区范围又全部处在三清山之南山，故名。景区的海拔标高是园区相对较低的区域，其景观多为低矮的峰柱之上发育的造型石景。

### ❻ 冰玉洞景区

位于园区的东—东北部，以发育瀑布、碧潭、泉景观（即水景为主）为特色。其中较著名的景点有北部的玉帘瀑布、石鼓潭、吊桥一线泉，中南部的龙梁瀑布、石涧瀑布、冰玉洞十八潭、五色碧玉潭、玉女潭、三叠泉等。

## ▶甘肃景泰黄河石林国家地质公园

专家说

园区主要地质遗迹类型为砂砾岩石林地貌。人们形象地比喻，黄河流经甘肃中部的景泰县时，在这里拐了个大弯，顺便也塑造出了黄河石林。整个石林景区千峰竞奇、峡谷蜿蜒、陡崖凌空，其形态之美可概括为奇、雄、险、古、野、幽。丛峰林立的黄河石林与蜿蜒奔流的黄河动静结合、相得益彰，再加上宛如世外桃源的龙湾绿洲、乌黑光亮的坝滩戈壁、形如弯月的黄色沙丘，组成以石林为主体的地质遗迹和自然地理景观。

黄河石林源自砂、砾石沉积固结成的砂砾岩。由于燕山运动、地壳上升、河床下切、加之风化、雨蚀、重力坍塌形成了以黄褐色河湖相砂砾岩为主的石林地貌奇观。由于区域新构造运动强烈，导致岩层垂直节理及断裂特别发育，加上第四纪以来本区的干旱气候条件，为石林地貌的发育创造了有利条件。与其他峰林相比，形成于大约 400 万年前的黄河石林，应该算相当年轻，不过它却有“英年早逝”的可能，因为它是颗粒粗糙的砂砾岩，结构比较松散，虽然容易成形，也容易被侵蚀，所以恐怕会比其他峰林更快消失。

黄河石林形成过程可分为以下阶段：

**冲蚀凹槽和石芽**：砾岩沿着节理裂隙受雨水冲刷形成的凹槽，分布于沟谷最上游及沟岸两侧，使砾岩被切割为半柱形，沟槽宽度形态各异。在冲蚀凹槽间突起的部位称石芽，是石林地貌的初期形态。

**峰丛地貌**：主要分布在沟谷的中部，顶部为尖锐或圆锥状的山峰，而基部相连成簇状，是石林发育早期地貌形态。

**峰林地貌**：主要分布在沟谷下游两侧，形态上表现为圆柱状、圆锥状、笋状、蘑菇状、城堡状等，基部基本分离，形态奇特，形成各种造型，为石林发育的成熟期地貌形态。

黄河景泰石林景观

石林景区

景区有八个沟，是在地壳强烈的抬升之下，黄河河谷形成深切峡谷。沟谷在水蚀、风蚀的强烈作用下不断变宽，局部轻弱层在水及重力作用下迅速下切，沿沟谷两侧形成大量的石峰石柱，同时又受到风蚀作用的改造，在崖壁上形成了许多如窗棂的构造，形成了现有的独特的景观。石柱石笋大多高达 80 ~ 100 米，最高可达 200 多米，犹如雕塑大师之梦幻杰作。

黄河景泰石林

## 延伸阅读

### ▶石林与峰林的区别

喀斯特地貌是石灰岩地区在水力作用下形成的，而峰林地貌是砂岩因其各层强度不均在自然力风化作用下形成的。

# 08 梦幻水景 人间仙境

我国是水资源丰富的国家，也是水文地质遗迹发育发达的国家，形成了各种类型的水文地质遗迹国家地质公园。水文地质是地质学的分支学科，指自然界中地下水的各种变化和运动的现象。水文地质学是研究地下水的科学，它主要研究地下水的分布和形成规律、地下水的物理性质和化学成分、地下水资源及其合理利用、地下水对工程建设和矿山开采的不利影响及其防治等。研究的对象主要是河流、湖泊、海洋、沼泽、泉水、瀑布等水体的成因机制以及运动规律。

# | 精彩纷呈 |

## ▶四川九寨沟国家地质公园

九寨沟地处青藏高原边缘，海拔 2000 ~ 3000 米，总面积 110 平方千米。主景区长 80 余千米，由沟口—诺日朗—长海和诺日朗—原始森林两条支沟组成，有长海、剑岩、诺日朗、树正、扎如、黑海六大奇观，尤以水景最为奇丽。在狭长的山沟谷地中，有色彩斑斓、清澈若镜的 100 多个湖泊散布其间，泉、瀑、河、滩将无数碧蓝澄澈的湖泊连缀一体，千姿百态，如诗如画。加之雪峰、蓝天映衬和四时季节变换，使九寨风光有“黄山归来不看山，九寨归来不看水”和“中华水景之王”

之称。

九寨沟国家地质公园拥有“世界自然遗产”“世界生物圈保护区”“绿色环球 21 世纪”三项国际桂冠。地质公园有成因各异的高山湖泊、规模宏大的钙华瀑布、形态万千的钙华滩等构成的层湖叠瀑景观，有五彩斑斓的水体景观。九寨沟美景的形成离不开岩溶地质作用，可以称为天然的岩溶博物馆。群海、瀑布、滩流、雪峰、森林等自然景观和民族文化完美融合，构成了令人神往的“童话世界”。翠海、叠瀑、彩林、雪峰、藏情，被誉为九寨沟“五绝”。

九寨沟地处青藏高原向四川盆地过渡地带，地质背景复杂、碳酸盐分布广泛、褶皱断裂发育、新构造运动强烈、地壳抬升幅度大、多种营力交错复合，造就了多种多样的地貌。九寨沟的山水形成于第四纪古冰川时期，现保存着大量第四纪古冰川遗迹。九寨沟的地下水富含大量的碳酸钙质，发育了大规模喀斯特作用的钙华沉积，以植物喀斯特钙华沉积为主导，湖底、湖堤、湖畔水边均可见乳白色碳酸钙形成的结晶体；而来自雪山、森林的活水泉又异常洁净，加之梯形状的湖泊层层过滤，其水色愈加透明，能见度达 20 米。

### 奇特的水体景观

九寨沟具有以高原钙华湖群、钙华瀑群和钙华滩流等水景为主体的奇特风貌。九寨沟因水而扬名，在绵延 50 余千米的泉水线上，分布着 114 个湖泊、17 组瀑群、5 个滩流、47 眼泉水，它们集水形、水色、水姿、水声于一体，尽天下水景之美态，宛如人间仙境、世间瑶池。九寨沟除了水美之处，其水质亦堪称一流，是世间少有的高含氡矿泉水。它的 pH 值为 7.8，悬浮物每升 5 毫克，水溶解氧每升 8 毫升，水中化学耗氧量每升 1.5 毫升，大肠杆菌每升 237 个，基本无重金属危害，水质高于国家一级水质要求。

### 诺日朗瀑布

诺日朗瀑布落差 20 米、宽 300 米，是九寨沟众多瀑布中最宽阔的一个，瀑布顶部平整如台。

树正沟景区

树正群海景区是九寨沟秀丽风景的大门拥有盆景海、芦苇海、火花海、卧龙海、树正瀑布、老虎海等景观。树正群海沟全长13.8千米，共有各种湖泊40余个，约占九寨沟景区全部湖泊的40%。40多个湖泊，犹如40多面晶莹的宝镜，顺沟叠延五六千米，水光潋滟、碧波荡漾、鸟雀鸣唱、芦苇摇摇曳。

九寨沟达古冰川

### 保存完好的冰川遗迹

九寨沟角峰峥嵘，刃脊崔嵬，冰斗、U 字谷十分典型，悬谷、槽谷独具风韵。槽谷伸至海拔 2800 米的地方。谷地古冰川侧碛、终债垄发育，成为我国第四纪冰川保存良好的地方之一。

### 康巴文化

藏族文化，博大精深，源远流长。五百年前，九寨沟的先民们从遥远的“世界第三极”——西藏阿里迁徙至此，世世代代，繁衍生息，与周围的羌族、回族、汉族携手合作，创造了独特的康巴文化。

## 延伸阅读

### ▶九寨沟和黄龙水垢奇观

九寨沟的水之蓝之透，让人丧失空间感，分辨不出水中“面包树”的深浅位置；黄龙“瑶池”之奇之美，让人无法相信这是人间的景象。其实，黄龙的瑶池、九寨沟水中神奇的“面包树”和我们家里水壶壶底结的“水垢”是同一种东西，它们的构成物质都是碳酸钙，它们的形成过程都由水中的碳酸钙凝结而成。在地理学界，碳酸钙的自然凝结有个专门的名字——钙华。黄龙附近的山有大面积的石灰岩（石灰岩的主要成分就是碳酸钙），山中的泉水从石灰岩中溶解了大量的钙，当水流出地面，钙质又慢慢变成固体沉积下来，让黄龙变得如此奇美。

九寨沟的面包树

## ▶福建屏南白水洋国家地质公园

专家说

白水洋地质公园集火山地质、火山构造、典型火山岩类、火山地貌、水体景观等地质遗迹于一体，记载了距今 1 亿多年来白水洋地区漫长的

（张晶　拍摄）

环卫工人在清扫河床 （张晶　拍摄）

火山地质演化历史。

白水洋国家地质公园中主要的地质遗迹有白水洋平底基岩河床、鸳鸯溪峡谷、瀑布、柱状节理、河流侵蚀遗迹、宜洋大型破火山构造、典型酸性火山岩岩石、双峰式火山岩等。公园内溪流密布，沟壑纵横。鸳鸯溪峡谷比降大，全长 18 千米，落差达 300 多米，两岸山势陡峭、深潭密布，水急处奔流不息、汹涌澎湃，水深处波平如镜、碧绿清澄，形成多姿多彩的动感反差极大的溪流景观。

景区内核心景观是被誉为“万人浅水广场”的平底基岩河床。它的形成是受岩性、地质体产状、地质构造和水动力条件等制约。白水洋河床的正长斑岩为距今约 9000 万年前火山活动，由岩浆在近地表处沿层面流动铺开，形成与流纹岩层层面平行的板状潜火山岩体。岩石具完整性好、结构均一致密的特点，在地壳应力作用下产生密集的平行层面水平节理及北东、北西、南北、东西向垂直节理和裂隙。

长期以来，白水洋处于构造活动相对稳定时期，经年不断的侧蚀、磨蚀，将河谷侵蚀拓展成宽阔平展的平底基岩河床，河谷变成了“浅水

广场”。该遗迹对火山岩石学、水动力学、构造地质学、水文地质学等学科的研究具有重要意义。

白水洋平底基岩河床

（张晶　拍摄）

白水洋平底基岩河床位于两条溪流交汇处，河床平坦开阔，水深没踝，水清石洁。白水洋长 2 千米，分上洋、中洋、下洋三段，中洋最宽处达 182 米，面积近 4 万平方米，世所罕见。中、下洋之间的

白水弧瀑犹如一架50多米长巨大的滑梯。

## 鸳鸯溪峡谷

主要受北西向断裂控制的鸳鸯溪峡谷全长18千米，水位落差达300余米。峡谷集溪、瀑、潭、峰、岩、洞、林于一体，是罕见的既清幽险峻、又气势磅礴的峡谷溪流景观，是青年期河流的典型代表。峡谷呈V字形，两岸峭壁高耸，奇险峻伟，深切曲流深邃悠长。沿溪流节理发育，形成十步一滩、百步一弯、千步一潭的美景。峡谷中段近水平的较薄岩层差异风化形成了阶梯状的地形，跌水和瀑布在这里集中分布，形成了壮丽的水体景观：气势非凡的小壶口瀑布，落差十余米，水声如雷，水雾弥漫；鼎潭仙宴谷因河流侧蚀而成的波状岩壁尤为典型，记录着水流下切的历史。

## 瀑　布

由于园区内高差大，断裂发育，且森林覆盖率高、水源丰沛，瀑布极为发育，落差大于百米的有十余处。瀑布规模大小不等，形态各异。鸳鸯溪峡谷西侧的百丈漈瀑布落差达150余米，是断裂崩塌和岩石的风化作用造成的；瀑下的洞穴可容纳百人。从百丈漈至千叠漈，落差300余米，有六级瀑布相连。沿北西向断裂发育的鸳鸯溪峡谷内，由于沿途断层节理发育，分布着小壶口、九重漈等瀑布群。

## 柱状节理

白水洋国家地质公园内酸性火山岩柱状节理大面积分布，其中最大的一块（后峭一带）面积就达7.5平方千米。剖面上柱状节理群排列整齐，蔚为壮观；棋盘顶平面柱状节理群，大者面积可达数千平方米，似棋盘状的大广场，小者数十平方米至数百平方米，似一片片龟背卧伏于崇山峻岭之中，实为自然界奇观。该类遗迹对于火山地质学、地

火山岩柱状节理

貌学与地壳抬升等的研究均具有重要的科学意义。

### 河流侵蚀遗迹

河流侵蚀阶地

园区内河流侵蚀遗迹十分发育，主要遗迹类型有河流阶地、波状崖壁、水蚀基岩波痕、水蚀洞穴等。河流阶地又可分为基座阶地和侵蚀阶地。侵蚀阶地主要分布于鸳鸯溪沿岸。基座阶地位于白水洋管理站附近仙耙溪两岸，且主要分布于河流的凸岸，两岸呈不对称分布。侵蚀阶地上面还清晰保留了水流在古河道侵蚀槽痕。

### 火山岩洞穴

园区内地形高差大，断崖林立，由于岩石差异风化、重力崩塌等原因，形成许多独具特色的洞穴奇观。位于百米断崖间的刘公洞是火山岩层差异风化而成，陡峭难攀，崩塌形成的石老厝可容纳数百人，洞中岩石崩塌的遗迹清晰可见。位于白水洋下游的齐天大圣洞高大宽阔，洞壁节理纵横交错，地下水沿节理侵蚀造成的岩石风化是岩洞的主要成因。

## ▶新疆布尔津喀纳斯湖国家地质公园

“喀纳斯”是蒙古语，即“峡谷中的湖”。喀纳斯地质公园的主要景观为以喀纳斯湖为代表的高山冰湖和以月亮湾等为代表的喀纳斯河风景河段。公园内冰斗群、冰川漂砾、冰蚀冰碛湖泊、冰川“U”形谷、冰

（张晶　拍摄）

碛丘陵、冰蚀阶地、石河、冰溜面、刻痕、刃脊、角峰等冰蚀和冰碛地貌遗迹遍布。地质公园以第四纪冰川遗迹、地质构造遗迹、流水地貌及其他地质遗迹景观为主。景观中最具代表性的是冰蚀、冰碛构造断陷湖——喀纳斯湖。月亮湾、卧龙湾、神仙湾等流水地貌景观姿态旎娜、水色奇幻。

喀纳斯湖地质遗迹是在距今约 260 万年以来的第四纪时期，经由冰川、流水和构造作用形成的典型地质地貌景观。该地区在古生代褶皱断裂基础上受新构造影响而强烈隆起的断块状山地，由于运动的不均衡性，友谊峰上升到 4300 米以上，而喀纳斯湖一线则凹陷降到 1300 米以下，在古冰川和现代冰川的强烈刨蚀下，河床急剧下切，形成山峦起伏，沟壑纵横的现代地貌。

第四纪冰川遗迹

**冰蚀冰碛湖泊**：园区冰蚀湖泊多达数百个，面积不等，像数百颗晶莹剔透的珍珠镶嵌于崇山峻岭间。规模较大的有喀纳斯湖、双湖、黑湖，其中以喀纳斯湖最具代表性。喀纳斯湖是冰川运动和新构造运动共同作用的结果，集多项独特形和唯一形于一身，是保护的核心。湖泊约呈弯月状，长 24 千米，宽 1 ~ 2.2 千米，平均水深约 90 米，最大水深 188.5 米，为我国的第二深水湖和最深的冰碛堰塞湖。湖盆边坡陡，边坡与盆底以折线相交而不是弧线相交，该类型的湖盆在我国极其罕见。

古冰川磨蚀的凹槽

羊背石、冰溜面、冰川擦痕：园区内最具代表性的羊背石、冰溜面、冰川擦痕分布于喀纳斯湖东岸一道湾吐鲁克，三种冰川遗迹成群集中分布在一起。羊背石、冰溜面、冰川擦痕不仅是证明此处发生过冰川运动最有力的佐证，而且对揭示古冰川的规模、运动方向和运动特征都具有重要的科学研究价值，是非常珍贵的地质遗迹。

羊背石

（张晶　拍摄）

喀纳斯湖

位于园区中心部位的喀纳斯湖是园区内最具震撼力和冲击力的地质地貌景观，湖泊形成于冰川“旷型谷”内。湖的平面呈折线式弯曲的长豆荚状，又如九天之月落于山间。湖长 24 千米，宽 1 ~ 2.2 千米，平均宽约 1.9 千米，面积约 45.78 平方千米，最大水深 188.5 米，平均水深约 90 米，为我国第二深水湖和最深的冰碛堰塞湖。

远观喀纳斯湖水，常因季节、天气、时段和观赏角度不同，而呈现出青灰、碧蓝、翠绿、暗紫等变幻莫测的色彩，因此人们又称它为“变色湖”。因喀纳斯湖水源自上游的冰川，冰川融水中悬浮有颗粒极细肉眼难以分辨的粉砂，近观湖水虽然清澈，但远观湖水，在不同颜色的变幻中始终有一种混沌迷离的质感，这也是喀纳斯湖水的神奇之处。

## 神仙湾

神仙湾低缓处形成的一处浅滩。神仙湾在月亮湾北大约 3 千米处，面积约为 6 平方千米，这里的河水将森林和草地切分成一块块似连似断的小岛。湖面背光看去在阳光照射下闪着细碎的光，仿佛无数珍珠任意洒落。由此也称它为“珍珠滩”。加上常有云雾缭绕，山景、湖水、树木相映，如临仙境，神仙湾由此得名。

## 月亮湾

（张晶　拍摄）

从卧龙湾沿喀纳斯河北上大约 1 千米，有一个蓝色月牙形的湖湾，面积 17 平方千米左右，那就是月亮湾 。湖水清澈碧绿仿佛像一颗新月形的玛瑙。湾中一对脚形淡绿色的花纹，传说是嫦娥奔月时留下的一对光脚印。

## 双　湖

双湖位于地质公园北部喀纳斯湖西侧约 1.5 千米处的山谷内，海拔 1498 米。由两个狭长的小湖通过河道串联而成，呈狭长的椭圆形，长 1200 米，平均宽度

300 米，面积约 1.4 平方千米。湖水源于恰其阿特山的冰川消融水和当地降水，汇聚后流入双湖。湖水清澈透明，远看湖水呈绿色，洁净无泥沙。

## 蒙古族的图瓦文化

地质公园附近的禾木乡是图瓦人聚居地和最重要的图瓦文化旅游地。蒙古族的图瓦文化是喀纳斯十分独特和宝贵的文化遗产。图瓦人是蒙古族一个分支，我国的图瓦人口全部分布在新疆的阿勒泰地区，并以喀纳斯最为集中。图瓦人目前还保留着很多原始游牧民族和古代蒙古人的习俗，以及古老完整的氏族血统观念和独特的宗教信仰、语言、服饰和民居，构成了极为难得的文化活化石。大量的岩画与石人，更给喀纳斯国家地质公园增添了一道神秘绚丽的光环。

# 09 洞穴——埋藏在地下的美丽

贵州织金洞　　（张晶　拍摄）

我国是世界上岩溶洞穴资源最为丰富的国家，北起黑龙江伊春，南到海南岛三亚市，西起西藏狮泉河，东到通化、杭州，分布着 10 万个岩溶洞穴。目前，我国洞穴旅游景区有 400 余处，数量位居全球第一。中国实测长度超过 3000 米的洞穴有 108 个，已知的最大的洞穴系统是贵州绥阳双河洞，已探测到总长达 70.5 千米。

## 成因

形成洞穴的岩性大多为可溶性岩石，特别是碳酸盐岩类的石灰岩和白云岩岩层。当其遇到含有二氧化碳的水时，就会发生碳酸化反应，生成碳酸氢钙。又因碳酸氢钙溶解于水，故而被水带走，久而久之，裂隙被溶蚀成洞穴。

按不同的水流性质和形态，洞穴的形成还可以划分出不同的类型，且各有其成因。

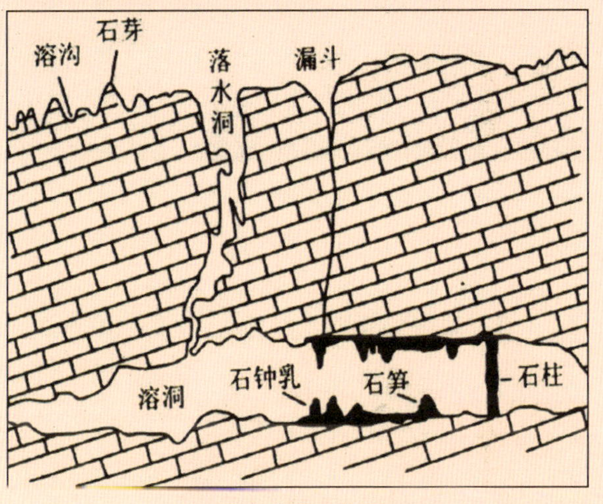


· 洞穴成因示意图

## | 精彩纷呈 |

### ▶贵州织金洞国家地质公园

专家说

岩溶地质景观是地质公园的主体精华景观，峰丛、峰林、孤峰、残丘、溶柱、天坑、溶洞、岩溶峡谷、岩溶湖泊、涌泉、暗河、天生桥、穿洞等地貌种类众多，分布集中。公园由地下天宫中心景区、东风湖景

（张晶　拍摄）

区、织金古城景区和碧云湖景区等四个景区组成。织金洞由于洞穴内碳酸钙沉积形态多样，洞外喀斯特景观组合完好，是一个多层次、多阶段、多类型的岩溶洞穴。喀斯特发育与洞穴形成演化的最主要因素是该地区新构造抬升及河流下切引起的水动力效应。由于新构造运动强烈的间歇性抬升，区域侵蚀基面下降，从洼池、峡谷向深发育，谷坡洞穴层层分布。在岩层平缓、节理发育的条件下，地下河下切与崩塌作用相结合也是地下喀斯特向地表喀斯特转化的重要方式。

（张晶　拍摄）

织金洞景区被《中国国家地理》评为“中国最美的旅游胜地——中国最美的十大奇洞”之首。

## 织金洞

织金洞是一个多层次、多类型的溶洞，洞长6.6千米，最宽处175米，相对高差150多米，全洞容积达500万立方米，空间宽阔，有上、中、下三层。洞内有47个厅堂、150多个景点，最大的洞厅面积达3万多平方米。洞内有各种钟乳石、石笋、石帘石柱、石幔、石花等40多种岩溶堆积物，千姿百态，造型奇特；还有间歇水塘、地下湖泊。每座厅堂都有琳琅满目的钟乳石，大的有数十丈，小的如嫩竹笋，千姿百态，形态逼真，五彩缤纷。特别是有一种生长在钟乳石上的灌丛状卷曲石，呈细条状，其中心为一密封储水的空心管道，管壁很薄，通体透明，是毛细管作用产物，它不受地心吸力的束缚，自由地向空间卷曲发展。这种卷曲石极为罕见，因此被视为熔岩中的珍品。“银雨树”也是一种十分罕见的开花状透明结晶体，高17米，冲天而立，披金洒银，美丽无比。织金洞最显著的特征概括起来有三个字：大、奇、全。

银雨树

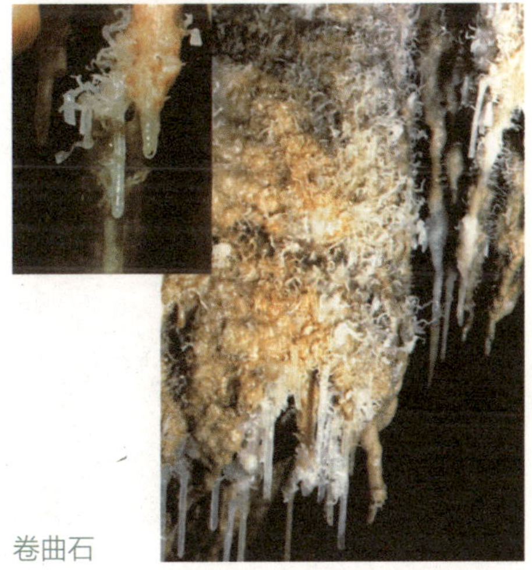

卷曲石

千姿百态的钟乳石　　（张晶　拍摄）

## ▶辽宁本溪国家地质公园

辽宁本溪国家地质公园

景区有岩溶地质景观、以本溪地理名称命名的地层层型剖面、早期人类活动遗址、构造地质遗迹、火山地质遗迹、灾害地质遗迹、多种地质地貌奇观等地质遗迹景观。由水洞、温泉寺、汤沟、关门山、铁刹、庙后山 6 个景区组成。

本溪水洞的形成有三个基本条件：一是水洞发育在奥陶系下统马家沟组石灰岩当中，该石灰岩层是可溶性岩层，它呈条带状分布在太子河和汤河的河间地带。二是这里的断层、常理裂隙特别发育见有东西向、南北向、北西向和北东向四组断裂构造。其中东西向的断层几乎与水洞的延展方向一致。断裂构造破坏了岩石的完整性，同时也是地下水在其中运移的通道。三是在石灰岩裂隙中流动的水，是由汤河水补给的，且具有很强的溶蚀能力。经过几十万年的溶蚀、崩塌作用，最终形成了本溪水洞——大型地下暗河型岩溶洞穴。

辽宁本溪水洞

## 溶蚀洼地与落水洞

园区地处太子河流域，古生代时沉积了范围较广的碳酸盐岩。在后期构造作用和地下水活动的共同作用下，形成的岩溶类型丰富、规模宏大，地表、地下岩溶相得益彰，充分展现了典型的北方岩溶特点。大厅正面有1000多平方米的水面，有码头可同时停泊游船40艘，可泛舟游水洞。

壶穴（地缸）

溶蚀洼地与落水洞主要分布

在卧龙镇金坑村一带，岩石均为可溶性灰岩，裂隙发育，在地下水和大气降水的作用下，在地表冲刷、溶蚀的影响下，溶蚀洼地和落水洞极为发育。溶洞的塌陷也加快了地表岩溶洼地的形成速度。岩溶洼地是具有一定汇水面积的负地貌地形，平面形态为圆形或椭圆形，其中较突出的是落水洞——“冒烟仙洞”。因其每到冬季洞内冒出热气，遇到洞外冷空气，在洞口树枝上结成露霜冰凌而得名。现已探测垂深 80 米，水平延伸范围 30 米，在目前探测深度内共有 7 处直上直下台阶，最高台阶可达 20 米，最小台阶 1.8 米，均呈倒置的犀牛角状，上口小，最大直径 2 ~ 3 米，最小直径 0.3 ~ 0.5 米，只能容一人爬入，其余部分均为斜下，方位不一，坡角在 10° ~ 40°。洞内挂满了各种形状的钟乳石及下部对应的石笋，形状各异。在第四个台阶上为一大厅，高超过 30 米，下部为崩塌落石所隔。该台阶上口宽 2 ~ 3 米，下口宽 4 ~ 5 米，这里的钟乳石像玉石、玛瑙一样玲珑剔透。

夏季结冰的地热异常景象

## 庙后山遗址

庙后山遗址位于本溪满族自治县山城子乡庙后山南坡的天然石灰岩溶洞。它的发现证明，早在距今 40 万年前，与北京人在华北生活的同时，地处关外的辽东地区也有人类在活动。庙后山遗址又是一个很好的第四纪地质剖面，它不仅有保存良好的堆积地层，而且地层里含有丰富

的动物化石、人类化石和文化遗物。对我国东北第四纪地质学、古生物学和古环境学的研究具有重要意义。

## ▶山西宁武冰洞国家地质公园

宁武万年冰洞国家地质公园位于山西省宁武县境内吕梁山脉北段的芦芽山中，总面积 336 平方千米，主要地质遗迹面积 36 平方千米。公园由 5 个园区组成：汾源万年冰洞景区、芦芽山冰蚀景区、天池冰蚀湖景区、宁化古城人文景区和宁武关人文景区。万年冰洞的奇特在于以本地洞外的气候条件论，根本构不成结冰的环境，而洞内一年四季冰柱不化，愈往深处冰愈厚。它是全国迄今发现的最大的冰洞，也是世界上迄今永久冻土层以外发现的罕见的大冰洞。

从冰洞的地质结构与构造上看，冰洞周围的环境温度相对较低。冰洞所处的纬度相对较高，海拔相对较高，寒流经过冰洞地区的几率也偏高。洞口在山的阴面，洞的形状有利于使洞内保持相对最低的温度。冰

洞类似保温瓶的形状，夏天洞外的热空气不易与洞内底部的冷空气交换，冬天洞外比冰点低得多的冷空气却很容易与洞内底部相对较暖的空气交换，不但使洞内的冰结得多，而且使洞内冰的温度结得更低。

洞内四壁的岩层隔热效果较好。冰洞是石灰岩溶洞，石灰岩是热的不良导体，而且洞壁相对比较光滑致密、缝隙较少，水的渗入能力较差，这就使得洞内通过洞壁与洞壁外岩体热交换的能力大大降低。

## 宁武万年冰洞

万年冰洞系我国目前发现的最大冰洞，也是世界上迄今为止在南、北极现代冰川分布范围及高寒地区永久冻土层以外发现的常年不化的大冰洞。冰洞发育在奥陶纪马家沟灰岩中，洞口海拔 2220 米，是一个陡峭的洞穴，深达 85 米。洞内四壁皆为波状起伏的层状冰，另有自然形成的冰柱、冰帘、冰瀑布、冰花、冰凌、冰钟乳、冰笋等，玲珑剔透、千奇百怪、美不胜收。更称奇的是冰洞北面几百米之隔，即有一系列千年火洞，那直径 3 ~ 20 米大大小小残留大坑、半焦的树干、烧倒的枯木以及

波状起伏的古老冻冰层

冰冻针菇

还冒烟冒火的火坑，是地下煤层自燃的产物。万年冰洞配千年火洞，冰火共生确系天下奇迹。冰洞中的冰记录了近万年以来全球环境变化，对研究大气、气候、水文、地质、地貌、生物、人类生存环境和保护等方面具有不可估量的信息，是一座地下宝库和科学地宫。

## 芦芽山峰林地貌

距宁武县城 50 千米，该园区以冰川遗迹为主，在芦芽山分布有多处冰川遗迹，芦芽山海拔 2739 米，发育有南北、东西向近水平三组节理和裂隙，前二者产状近于直立，岩石被它们切割得支离破碎。在山顶形成刃脊状冰川奇峰——芦芽山。

## 第四纪冰川及冰缘地貌、夷平面

第四纪冰川侵蚀作用在芦芽山顶太子殿旁的二长岩中造成了冰臼，直径为 0.5 ~ 1.0 米；在山脉的

两侧可见古冰斗、冰川 U 形谷、冰缘石环、冰缘石垅、冰缘石海；马仑草原（海拔 2721 米），又名黄草梁，有大量古冰川、古冰缘遗迹分布。

### 宁武天池湖泊群

在宁武县西南 20 千米处分布有串珠状的高山湖泊，这些高山湖泊群中及其周缘湖相地层发育为第四纪冰川湖泊——天池群。在湖相沉积中含有古气候、古环境、古生态变化的大量信息，并可和冰洞中的冰层进行对比。

### 岩溶峡谷地貌

汾河源区的峡谷地貌和岩溶地貌发育，各种峡谷地貌主要是在汾河期时形成。区域活动构造主要表现为大面积断块隆起，大面积出露的奥陶纪灰岩多呈近水平产出，形成断块山、陡崖、溶洞等峡谷地貌和岩溶地貌景观。一些支流中，种类有峡谷、障谷、隘谷、悬谷、箕谷或瓮谷。

# 延伸阅读

## ▶世界七大最怪异洞穴

### ◀阿曼洞穴：世界第二大洞穴

这是世界上第二大洞穴，位于苏丹苏尔塔娜特地区1600米海拔的塞尔玛高地，这个洞穴是于1983年被研究水资源的地质学家唐·戴维森发现的，他通过一条绳索抵达洞穴底部，洞穴内部高度为120～150米，洞穴底部长300米、宽200米，相比之下，吉萨金字塔可以完全放置在这个洞穴中。

### ▶怀托摩萤火虫洞：萤火虫的天堂

怀托摩萤火虫洞位于新西兰北岛的一个洞穴中，该洞以其萤火虫数量而闻名于世。萤火虫盘旋在洞穴顶部垂下的丝团上，然后这些萤火虫发出光吸引猎物粘到丝团。因此，洞穴顶部覆盖着大量的萤火虫使得洞穴看起来像是一个夜晚的天堂。而饥饿的萤火虫所发出的光要比所吞食的虫子发出的光线更明亮。比洞穴顶部更低的数百个硅质石串遍布洞穴之中，外表看上去非常美丽的丝团却有更阴险的用途，萤火虫可以通过丝团线诱捕洞穴发光虫。它所发出的怪异蓝光是尾部特殊囊结构发生的化学反应，许多昆虫都无法抵抗地朝向它们飞去，却最终落入陷阱之中。一旦这些昆虫被粘住就无法逃脱。

### ▶艾斯瑞塞威尔特冰洞：对男人而言最大的冰洞

在世界上存在着许多的冰洞，但是奥地利的艾斯瑞威尔特冰洞对男人而言是最大的冰洞。它位于奥地利萨尔茨保市Tennengebirge山脉，冰洞延伸长达40千米。虽然目前仅有像迷宫般的一部分冰洞对游客开放，但这足以让具有挑战性的男子体验超越极限的乐趣。冰洞与正常的洞穴存在很大的差异，人们进入之后会产生很奇特的感觉，就好像它并非来自地球。

**▶委内瑞拉的“魔鬼洞”：其宽度可使两架直升机在洞穴中飞行**

“Cueva del Fantasma”在西班牙语中是“魔鬼洞”的意思，其洞穴宽度可使两架直升机顺利地飞行，然后穿越一片瀑布。这处瀑布像一面墙一样，从洞穴顶部落入洞穴底部的一个池塘。近期，研究人员还在该洞穴中发现了新的青蛙物种。

**▶美国奇异洞穴深渊：美洲大陆上最深的洞穴**

奇异深渊深 586 米，是目前美洲大陆最深的洞穴，这个洞穴足以装下华盛顿纪念碑（高 555 米），一般探险者是通过绳索从洞口降落至洞底，据称，从洞口掷一块石头抵达洞底需要 8 秒时间。

**▶中国东中洞穴：竟是一所学校**

并不是所有的洞穴都是景致奇特，在中国西南部贵州的东中洞穴容纳着一所小学，洞穴里每天有数十名学生在这里上课学习。这所学校建立在像飞机修理库大小的天然洞穴中，该洞穴是由于数千年来的风化、流水冲刷和地震变化导致的。

**▶墨西哥“水晶洞”：世界上最大的自然水晶洞**

墨西哥奇瓦瓦的奈卡矿（Cueva de los Cristales）又被称为“水晶教堂”，包含着世界上最大的自然水晶体——长 11 米的半透明石膏柱。这个洞穴位于地下 90 米处，蕴藏着大量的铅、锌、铜、银和金，蜿蜒在地下长达 805 米。在奈卡矿更深处水晶洞里，石灰石岩空穴中呈现一个马蹄印形状，宽 9 米、长 27 米。2600 万年前，奈卡山脉出现火山活跃，充满了高温硬石膏灰。当山脉之下的岩浆冷却，以及温度下降，硬石膏便开始溶解。硬石膏缓慢地将水和硫酸盐、钙分子浓缩，数百万年以来沉积在这个洞穴里，进而形成了巨大透明石膏水晶体。

## 阅读感悟

洞穴与人类文明发展有什么关系?

# 10 雅丹地貌——魔鬼出没的地方

在中国的内陆荒漠，有一种奇特的地理景观，它是一列列断断续续延伸的长条形土墩与凹地沟槽间隔分布的地貌组合，被称为雅丹地貌。这种地貌在我国的塔里木盆地的罗布泊地区最为典型。“雅丹”是维吾尔语，原意是“具有陡壁的小丘”。中国的雅丹地貌面积约2万多平方千米，主要分布于青海柴达木盆地西北部、疏勒河中下游和新疆罗布泊周围。

雅丹地貌被认为是世界一大奇观。

## 成因

雅丹地貌是一种典型的风蚀性地貌，河湖相土状沉积物所形成的地面，经风化作用、间歇性流水冲刷和风蚀作用，形成与盛行风向平行、相间排列的风蚀土墩和风蚀凹地地貌组合。

这种奇特的地貌形成，离不开三个条件：首先，必须是在干旱区的古冲积平原，湖水干涸，地面龟裂；其次，在砂岩或黏土性沉积岩组成的地面，经地壳运动抬升；第三，风道或河口位置长期受风力或暴雨洪流侵蚀，形成延伸的崎岖地面——平顶陡壁土山丘。

根据外营力作用的不同，可将雅丹地貌分出三种类型：一类是以风力侵蚀为主形成的，一类是以水流侵蚀为主形成的，还有一类则是风和水共同作用形成的。

### ▶甘肃敦煌雅丹国家地质公园

风蚀作用形成的雅丹地貌地质公园面积 398 平方千米。公园内集中

敦煌雅丹地貌景观　　（张晶　拍摄）

连片地分布着各种各样造型奇特的风蚀地貌，千姿百态，惟妙惟肖。其形成时间之久远，地貌之奇特多样，规模之大，艺术品位之高，堪称世界仅有的大漠地质博物馆。

敦煌国家地质公园属于古罗布泊的一部分，为沙漠平原区，光照充足，降雨量少，蒸发量大，四季多风。构成雅丹地貌的岩石形成于距今约 70 万年的中更新世，为一套河湖相沉积，颜色呈灰色、绿色和土黄色，发育水平层理，交错层理，局部还可见到虫迹化石。由于岩层产状水平，垂直节理发育，较松软岩层在大自然急风暴雨的漫长风化中，导致了各种雅丹风蚀地貌的形成。

## 敦煌魔鬼城

地质公园内集中连片地分布着造型奇特的风蚀地貌，它宛如一座中世纪的古城，世界许多著名的建筑都可以在这里找到它的缩影，令世人瞠目。夜幕降临之后，尖厉的劲风发出恐怖的啸叫，犹如千万只野兽在怒吼，令人毛骨悚然，也因此得名“魔鬼城”。

敦煌雅丹地貌景观　　（张晶　拍摄）

## 莫高窟（千佛洞）

在甘肃敦煌县城东南25千米。洞窟凿于鸣沙山东麓断崖上，上下五层，高低错落，鳞次栉比，南北长1600多米，建造年代据武周圣历元年（公元698年）“李怀让重修莫高窟佛龛碑”记载，莫高窟建于前秦建元二年（公元366年），至唐代武则天时，已有窟室千余龛。现尚保存北魏、西魏、北周、隋、唐、五代、宋、西夏、元各代壁画和塑像的洞窟492个，壁画45000多平方米，彩塑2415身，唐、宋木构建筑5座，莲花柱石和铺地花砖数千块，是一处由建筑、绘画、雕塑组成的综合艺术，形式有禅窟与中心柱式、方形佛殿式和覆斗式。窟外原有殿宇，并有木构走廊与栈道相连。画面如按两米高排列，可构成长25千米的画廊，是我国现存规模最大、内容最丰富的石窟艺术宝库。

## 鸣沙山·月牙泉

鸣沙山像一条巨龙，横卧在敦煌城南。远远望去，峰峦高低起伏，如刀削斧劈，景色奇丽，蔚为壮观。山体由流沙堆积而成，绵延40多千米，最高处海拔1715米。在人力或风力的推动下，含有石英晶体的沙粒

鸣沙山　　（张晶　拍摄）

月牙泉 （张晶　拍摄）

会互相摩擦产生静电，静电放电即发出声响，响声汇集，声大如雷，鸣沙山由此得名。

月牙泉东西长 300 余米，南北宽 50 余米，泉形酷似月牙，四周是高耸的沙山。它的神奇之处就是流沙永远填埋不住清泉。在沙山的怀抱中娴静地躺了几千年，虽常常受到狂风凶沙的袭击，却依然碧波荡漾，水声潺潺，是当之无愧的沙漠第一泉，牙泉内游鱼成群，岸边绿草如茵。

## ▶西藏札达土林国家地质公园

札达土林属于西藏山原湖盆谷地，平均海拔 4500 米。札达土林作为一种特殊的地貌组合，其形态丰富多彩。在宏观上，沿象泉河两岸呈现出波状起伏、层林迭现、陡缓相间、气势恢宏的土林群，是世界上独一无二的土林地貌奇观。土林分布面积为 2460 多平方千米。土林地貌的

西藏扎达土林地貌

成因是干旱气候条件下，呈半固结状态的、沉积厚度很大且具有水平层理的地层在地质构造作用下持续抬升，并经强烈物理风化、暴雨冲刷及其水系的剧烈切割而成。

风蚀垅槽

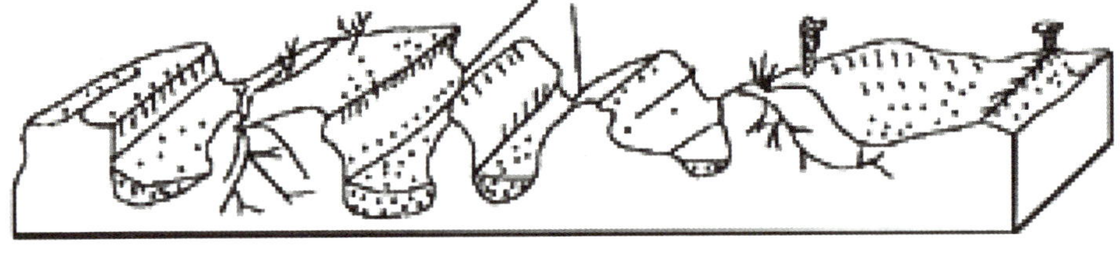

土林地貌

札达的奇特“土质山林”地貌，是远古时期该地区所处的湖盆沉积层在喜马拉雅造山运动影响下，随着水位下降、湖盆抬高，并在合适气候条件下因河水侵蚀切割之下形成的。陡峭险峻的山岩看上去似巍峨挺拔的城堡、碉楼、佛塔等，千姿百态、气象万千，成为阿里地区最著名的自然景观。土林里的半胶结状砂砾沉积层构成的“土柱”，高数米至数十米，千姿百态，别有情趣。

西藏扎达土林地貌

古格王国遗址

古格王国遗址位于阿里地区札达县境内，西距县城约 18 千米，1961 年 3 月被国务院列为国家级重点文物保护单位。札达县是阿里地区的文

古格王国遗址

物大县，也是象雄文化的发祥地。古格王国遗址的山脚下现存房屋洞窟300余间和众多房屋遗迹，是当年奴隶和百姓的住所。山腰上遗存有高大的庙宇和密集的僧房，其中红庙、白庙保存较好，内中壁画依然鲜艳生动。山顶上是王宫，包括聚会议事大殿、经堂、坛城、神殿和王室人员居住的冬宫和夏宫。从山脚到山顶的王宫只有一条人工开凿的暗道可以通达，整座古城设有大量的防御性建筑。从古格王国遗址建筑规模和建筑艺术上，我们仍可想象到当时王国经济发达、文化繁荣的盛况。

## ▶新疆奇台国家地质公园

奇台国家地质公园以古生物化石类、地貌类地质遗迹为主。这里有目前亚洲遗存规模最大的硅化木群；有中生代地球霸主——恐龙的化石；有揭示准噶尔地区海洋变迁史的古生代海相古生物化石群落；还有造型奇特的风成地貌——雅丹魔鬼城以及色彩斑斓的烧变岩区，这些都尽显着大自然的无穷奥秘。雅丹是发育在干燥地区的一种风蚀地貌，是河湖

相土状沉积物所形成的地面经过风化作用、间歇性流水冲刷和风力的长期吹蚀所形成的风蚀土墩和风蚀凹地的地貌组合。园区内的地质遗迹，真实记录了距今 3.5 亿年前石炭纪至今，东准噶尔乃至整个准噶尔盆地在不同地质历史时期，从古海洋到古湖泊、河流到现代荒漠的自然环境变化的信息。

## 雅丹景区

“雅丹”又名“雅尔丹”，维吾尔语原意为“陡壁的小丘”。园区以魔鬼城雅丹景区和瀚海动物园雅丹地貌较为集中，有的形成风蚀城堡、有的形成风蚀蘑菇、有的形成风蚀残丘、有的形成风蚀柱，千姿百态的奇异造型，很有特色。在将军戈壁，这种地貌发育在侏罗纪—白垩纪河湖相红层中，色彩更为鲜艳。

硅化木景区

奇台硅化木园位于县城以北150千米的将军戈壁，地势北高南低，海拔500～1000米。在这条长5千米，宽2.33千米的狭长冲沟地带，出露着近千棵硅化木。园内化石树种以柏型木为主，伴有原始云杉和南美杉等。树龄一般在数百年至千年不等。直径大都在1米左右，大者可逾2米；长度不等，最长一棵为26米，仅次于美国一棵长30米的硅化木，在已发现的树木化石中，居世界第二。园内硅化木均产出于上侏罗统石树沟组红色含砾砂岩、砂岩和泥岩中。产出形态多样，由南向北共有三层。硅化木园的树木化石，无论数量、规模还是产出形态、保存完好程度，均为世界罕见，国内独一无二。

恐龙沟景区

1987年，中国与加大联合恐龙考察队在这里发掘出一具长30米、

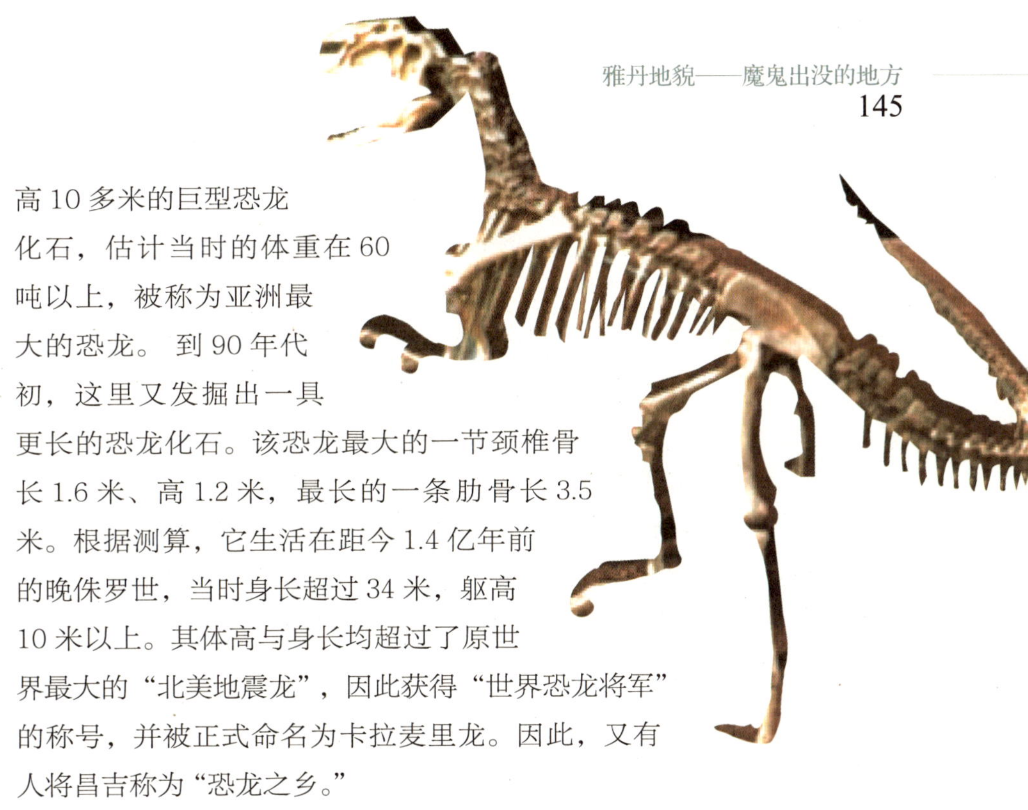

高 10 多米的巨型恐龙化石，估计当时的体重在 60 吨以上，被称为亚洲最大的恐龙。到 90 年代初，这里又发掘出一具更长的恐龙化石。该恐龙最大的一节颈椎骨长 1.6 米、高 1.2 米，最长的一条肋骨长 3.5 米。根据测算，它生活在距今 1.4 亿年前的晚侏罗世，当时身长超过 34 米，躯高 10 米以上。其体高与身长均超过了原世界最大的“北美地震龙”，因此获得“世界恐龙将军”的称号，并被正式命名为卡拉麦里龙。因此，又有人将昌吉称为“恐龙之乡。”

## 阅读感悟

雅丹与丹霞地貌的区别是什么？

# 11 沙漠——令人发飙的狂野之地

巴丹吉林沙漠位于内蒙古自治区的西部，是中国四大沙漠之一，总面积 4.7 万平方千米。其中的巴彦诺尔、吉诃德沙山是世界上最高的沙丘。巴丹吉林沙漠年降水量不足 40 毫米，但是沙漠中的湖泊竟然多达 100 多个。高耸入云的沙山，神秘莫测的鸣沙，静谧的湖泊、湿地，构成了巴丹吉林沙漠独特的迷人景观，每年吸引上万名国内外游客前来观光。

（张晶　拍摄）

## ▶内蒙古阿拉善沙漠国家地质公园

阿拉善盟位于内蒙古自治区最西部。地质公园以沙漠地貌为核心景观。园区内地质遗迹类型丰富，自然景观优美，人文景观独特。根据地质遗迹的成因类型、地理分布特点以及保存方式，阿拉善沙漠国家地质公园被划分为腾格里、巴丹吉林和居延海三个园区。每个园区内地质遗迹的内容和突出的重点各不相同，各具特色。公园特殊的地理位置、地质构造、生态环境和气候条件形成了以沙漠、戈壁为主体的地貌景观，是目前国内唯一的沙漠地质公园。

巴丹吉林沙漠是中国四大沙漠之一，总面积 4.7 万平方千米。其中的巴彦诺尔、吉诃德沙山是世界上最高的沙丘。

作者在巴丹吉林沙漠

### 腾格里园区

腾格里园区以阿拉善左旗为主体，东、南以地质公园边界为界，西以阿拉善右旗为界，北以阿拉善盟与蒙古国的边界为界。包括腾格里沙漠景区、敖伦布拉格峡谷景区和吉兰泰盐湖景区，面积约 347 平方千米。

腾格里沙漠

吉兰泰盐湖

## 巴丹吉林园区

巴丹吉林沙漠园区，西以额济纳旗为界，东以阿拉善左旗为界，包括巴丹吉林沙漠景区、红敦子峡谷景区、海森楚鲁风蚀地貌景区和曼德拉山岩画景区，面积约 424 平方千米。

巴丹吉林沙漠中的巴丹吉林沙庙

曼德拉山岩画

## 居延海园区

居延海园区位于地质公园最西部，以额济纳旗为主体。南北以地质公园边界为界，东以阿拉善右旗为界。包括居延海景区、黑城文化遗存景区、胡杨林景区和马鬃山古生物化石景区，面积约 166 平方千米。

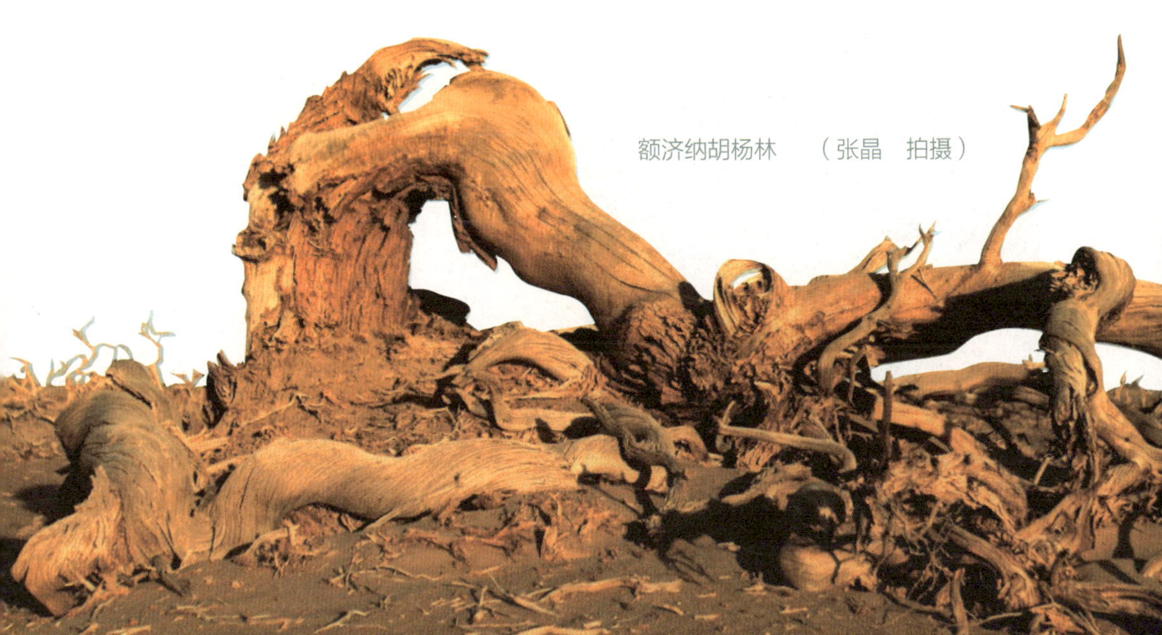
额济纳胡杨林　（张晶　拍摄）

额济纳胡杨林

（张晶　拍摄）

（张晶　拍摄）

你去看

### 巴丹吉林沙漠

巴丹吉林沙漠是我国西部、西北部和东部三个沙区之间的接合部位，总面积约 4.92 万平方千米，是我国第二大流动性沙漠。巴丹吉林沙漠拥有世界最高的沙山、面积最大的鸣沙区、140 余个沙漠湖泊，还有传承了数百年的古老文化，令人神往的蒙古风情。

### 腾格里沙漠

腾格里沙漠总面积约 4.27 万平方千米，是中国第四大沙漠，以多淡水湖泊和绿洲著称。水源条件很好，大小湖盆达 422 个之多，是我国拥有湖泊最多的沙漠。沙湖风景优美迷人，流动沙丘因为被固定沙地、半固定沙地、湖盆及山地残丘等所分割，对沙漠治理极为有利。

乌兰布和沙漠位于阿拉善左旗东北部，东濒黄河，西临吉兰泰盐湖，南抵贺兰山北麓，北接阴山山系狼山，总面积约 0.99 万平方千米。流动沙丘主要集中在南段和中段，新月形沙丘链、格状新月形沙丘和新月形沙山形状，一般高 10 ～ 30 米，密集中心可达 50 ～ 100 米，边缘地区也有低于 10 米的沙丘，沙面裸露。

### 黑戈壁

主要分布于额济纳旗的中部，额济纳河以西地带多为“黑戈壁”。酒泉以西地区的戈壁滩砾石层厚可达 700 ～ 800 米；马鬃山一带的黑戈壁号称“戈壁的戈壁”，是研究戈壁形成、发展和演化的最佳场所，盛产珍贵的奇石。

### 居延海

位于额济纳旗境内，是我国第二大内陆河黑河的尾闾湖，形成于前

中生代至晚更新世，由东、西居延海和居延泽三个湖泊构成。东西居延海的水面面积 50 年代分别为 35 平方千米和 267 平方千米。短短的几十年间居延海由水草丰美到干涸龟裂，额济纳生态环境及黑河流域生态环境不断恶化和沙尘暴日趋严重。直到近年向居延海成功调水，居延海才又重现昔日碧水蓝天景象。

### 海森楚鲁风蚀地貌

（张晶　拍摄）

位于阿拉善右旗西北部，风蚀地貌发育广泛。面积约数十平方千米，规模大，形态完美，地貌类型经典。花岗岩体的围岩是距今 4 亿 ~ 5 亿年的古生代奥陶—志留纪的沉积岩，主要为中、细粒碎屑沉积物。干燥多风的气候为花岗岩的风化剥蚀提供了有利的条件。大风及扬沙对花岗岩岩体进行长期的磨蚀，久而久之形成了这种典型的风蚀地貌景观。

## ▶红敦子与敖伦布拉格峡谷地貌

峡谷地貌主要为分布于阿拉善左旗的敖伦布拉格峡谷群与阿拉善右旗的红墩子峡谷群，是在早期的流水侵蚀作用后又叠加风蚀作用形成的峡谷地貌。谷壁险峻陡峭，高达数十米，最高处达六七十米，谷壁上有风蚀龛（凹槽）、风蚀蘑菇等。

## 延伸阅读

### ▶鸣沙山的声音是怎样产生的

响沙作为一种自然现象，只要具备响沙形成的特定环境和必需的条件，具有沙漠、沙地的地方都可以存在响沙。鸣沙的沙粒与一般沙粒不同，即在鸣沙沙粒光滑的表面有很多蜂窝状的小孔洞，小孔洞是鸣沙发声的关键所在。鸣沙中的小孔洞构成众多的共鸣箱，当沙粒相互之间发生运动时，由于摩擦产生的细小声音与这些共鸣箱发生共鸣而被放大，滚动的沙粒就会发出悦耳的声音。沙粒表面的蜂窝时长年的风蚀水蚀和化学溶蚀综合作用的结果。若环境受到污染，蜂窝被灰尘堵塞，鸣沙就不再鸣响。普通的不发声沙漠沙经过处理，使其具有和鸣沙一样的表面，结果被处理普通沙粒经过摩擦会发出和鸣沙一样的声响。

敦煌鸣沙山（张晶　拍摄）

## ▶中国最美的五大沙漠

如果你没有到过沙漠，你就无法真正理解生命；如果你没有深入到沙漠的腹地，你就无法真正领会到茫茫瀚海的雄浑与壮美。当你翻过巴丹吉林的沙山，走过塔克拉玛干的沙海，穿过古尔班通古特的梭梭林，你会不可救药地爱上它。你的梦里，会响起驼铃的声音。

### 巴丹吉林沙漠

世界四大沙漠之一的巴丹吉林沙漠，在最近《中国国家地理》杂志等单位组织的中国最美的地方评选活动中，名列我国沙漠家族第一名。

巴丹吉林沙漠位于内蒙古自治区境内阿拉善右旗北部，总面积 4.7 万平方千米，巴丹吉林沙漠高耸入云的沙山，神秘莫测的鸣沙、静谧的湖泊、湿地、晨钟暮鼓的百年古刹，构成了巴丹吉林沙漠独特的迷人景观。巴丹吉林庙是著名的藏传佛教寺庙之一，因其深藏于巴丹吉林沙漠之中，所以给世人平添了许多神秘的色彩，近年来旅客、探险者纷至沓来。

巴丹吉林沙漠 （张晶　拍摄）

巴丹吉林沙漠海拔 1200 ~ 1700 米，巴丹吉林沙漠的沙山相对高度在 200 ~ 500 米，是中国乃至世界最高沙山所在地，也是世界唯一高大沙山群分布密集的沙漠。这里年降水量不足 40 毫米，但是沙漠中的湖泊竟然多达 113 个。有专家经过分析发现，形成湖泊和沙漠交织的原因是距巴丹吉林沙漠 500 千米处的祁连山雪水通过地层深处的断层进入了沙漠形成众多湖泊。

## 塔克拉玛干沙漠

塔克拉玛干沙漠，维吾尔语意“进去出不来的地方”，人们通常称它为 " 死亡之海 "。它位于南疆塔里木盆地中心，整个沙漠东西长约 1000 余千米，南北宽约 400 多千米，总面积 337600 平方千米，是中国最大的沙漠，仅次于非洲撒哈拉大沙漠，是全世界第二大流动沙漠。在世界各大沙漠中，塔克拉玛干沙漠是最神秘、最具有诱惑力的一个。沙漠中心是典型大陆性气候，风沙强烈，温度变化大，全年降水少。这儿风沙活动频繁，沙丘形态奇特，最高达 250 公尺。最奇妙的是两座红白

分明的沙丘，名圣墓山。山顶经风蚀而形成“大蘑菇”。由于地壳的升降运动，红砂岩和白石膏构成的沉积岩露出地面，形成红白鲜明的景观。沙漠四周，沿叶尔羌河、塔里木河、和田河和车尔臣河两岸，生长发育着密集的胡杨林和树柳灌木，形成“沙海绿岛”。特别是纵贯沙漠的和阗河两岸，长生芦苇、胡杨等多种沙生野草，构成沙漠中的绿色走廊走廊。浩瀚沙漠中，迄今发现的古城遗址很多，如丝路古道南道的精绝、小宛、戎卢、圩弥、渠乐、楼兰等古代城镇和许多村落都被流沙所湮没。

## 古尔班通古特沙漠

古尔班通古特沙漠是中国第二大沙漠，位于玛纳斯河以东及乌伦古河以南地区，准噶尔盆地的中央，面积 4.88 万平方千米，海拔 300 ~ 600 米。由 4 片沙漠组成，西部为索布古尔布格莱沙漠，东部为霍景涅里辛沙漠，中部为德佐索腾艾里松沙漠，其北为阔布北—阿克库姆沙漠。准噶尔盆地属温带干旱荒漠，年降水量70～150毫米。沙漠内部绝大部分为固定和半固定沙丘，其面积占整个沙漠面积97%，形成中国面积最大的固定、半固定沙漠。

## 鸣沙山

鸣沙山位于甘肃敦煌市南郊七千米处，面积约200平方千米。沙峰起伏，处于腾格里沙漠边缘，与宁夏中卫县的沙坡头、内蒙古达拉特旗的响沙湾和新疆巴里坤哈萨克自治县境内的巴里坤镇同为我国四大鸣沙山之一。

（张晶　拍摄）

宁夏沙坡头景区　　（张晶　拍摄）

## 沙坡头

沙坡头位于宁夏中卫县，是一处景观独特的游览区。沙坡头曾以治沙成果而闻名。包兰铁路在中卫境内六次穿越沙漠，其中以沙坡头风沙最猛烈，为了保证铁路畅通，从 50 年代起在铁路两侧营造防风固沙工程，包兰铁路沙漠段几十年来安然无恙。铁路两侧巨网般的草方格里长满了沙生植物，金色沙海翻起了绿色的波浪。这一治沙成果引起了全世界治沙界的普遍关注，不少外国专家慕名前来考察。沙坡头现已建成一个有着独特的景观、颇具特色的游览区。

# 地质公园基本知识

## 什么是国家地质公园

国家地质公园（National Geopark）全称“中华人民共和国国家地质公园”，是由中国行政管理部门组织专家审定，中华人民共和国国务院国土资源部正式批准授牌的地质公园。中国国家地质公园是以具有国家级特殊地质科学意义，较高的美学观赏价值的地质遗迹为主体，并融合其他自然景观与人文景观而构成的一种独特的自然区域。

## 建立地质公园的主要目的是什么

建立地质公园的主要目的有三个：保护地质遗迹，普及地学知识，开展旅游促进地方经济发展。

## 地质公园按管理层次分为几个等级，它们的名称是什么

分四级：县市级地质公园、省地质公园、国家地质公园、世界地质公园。

## 什么是世界地质公园

由联合国教科文组织组织专家实地考察，并经专家组通过，经联合国教科文组织批准的地质公园，称世界地质公园。

## 中国国家地质公园的标徽含义

标徽的主题图案由代表山石等奇特地貌的山峰和洞穴的古山字和代表水、地层、断层、褶皱构造的古水字、代表古生物遗迹的恐龙等组成，表现了主要地质遗迹（地质景观）类型的特征，并体现了博大精深的中华文化，是一个简洁醒目、科学与文化内涵寓意深刻、具有中国文化特色的图徽。

## 世界国家地质公园的标徽含义

该徽由约克 . 佩诺先生设计，图案上部的 UNESCO 是联合国教科文组织的英文缩写，下部的 GEOPARK 是新创造的英文名词，译为“地质公园”。中部的图案象征着地球，是一个由已形成我们环境的各种事件和作用构成的不断变化着的系统。整个徽志的寓意是在 UNESCO 的保护伞之下，世界地质公园是地球上选定的，其所含地质遗产已受到保护，并为可持续发展服务的特别地区。图案抽象色彩浓厚。

## 为什么要设立地质遗迹景点

设立地质遗迹景点是营造地质公园氛围、保护珍贵的地质遗迹、发挥地质公园科学普及功能的重要手段，也是地质公园有别于其他公园的关键所在，它在提升地质公园科学内涵、增加游览项目、吸引更多的游客、增加综合的旅游收入等方面都有重要的价值。

## 地质公园的由来

1999 年 4 月，联合国教科文组织第 156 次常务委员会议提出了建立地质公园计划，即从各国（地区）推荐的地质遗产地中遴选出具有代表性、特殊性的地区纳入地质公园，其目的是使这些地区的社会、经济得到持续发展。目标是在全球建立 500 个世界地质公园，其中每年拟建 20 个。

## 中国有多少个国家地质公园

截至2014年1月，国土资源部一共公布七批共240家国家地质公园。